工业建筑防腐蚀工程技术经济指标

杨国范　编

中国建筑工业出版社

图书在版编目（CIP）数据

工业建筑防腐蚀工程技术经济指标/杨国范编.
北京：中国建筑工业出版社，2005
ISBN 7-112-07773-7

Ⅰ．工...　Ⅱ．杨...　Ⅲ．工业建筑-防腐-经济指标　Ⅳ．TU27

中国版本图书馆 CIP 数据核字（2005）第 111720 号

工业建筑防腐蚀工程
技术经济指标

杨国范　编

*

中国建筑工业出版社出版、发行（北京西郊百万庄）
新 华 书 店 经 销
北京富生印刷厂印刷

*

开本：787×960 毫米　1/16　印张：13¼　字数：270 千字
2005 年 10 月第一版　　2006 年 10 月第二次印刷
印数：2001—3000 册　　定价：**38.00** 元

ISBN 7-112-07773-7
(13727)

本社网址：http://www.cabp.com.cn
网上书店：http://www.china-building.com.cn

本书主要适用于新建、扩建工业建筑防腐蚀工程，它是编制施工图预算、概算指标和编制工程招投标、确定工程造价的基础。本书旨在填补工业建筑工程中涉及面较大的工业建筑防腐蚀工程预算（或基础）定额中的缺项，满足工业建筑防腐蚀工程建设项目的招标、投标报价的需求，适应不断发展的新材料、新工艺。

本指标依据《建筑防腐蚀工程施工及验收规范》（GB 50212—2002）和现行的劳动定额编写。主要包括整体面层、块料砌筑面层、涂料面层、防火涂料面层、隔离层及其他共五个方面的技术经济指标表和相应的指标计算附表。指标表现形式以工程直接费表示，其中含人工费、材料费、施工机械台班费。指标的计算基础详见各项目指标计算附表。

本书可供从事建筑防腐蚀工程的工程造价人员、招投标人员阅读参考。

*　　*　　*

责任编辑：时咏梅　封　毅
责任设计：董建平
责任校对：刘　梅　王金珠

前　言

建筑业市场在国家宏观调控下，日趋走向市场化、规范化及健康有序的发展道路。近年来建设部先后颁布了《全国统一安装工程预算定额》、《全国统一建筑工程基础定额》、《建设工程工程量清单计价规范》，有效地加强了建筑业市场的宏观管理，为建设工程项目的招投标工作提供了有效的参考依据。然而，在工业建筑工程中涉及面较大的工业建筑防腐蚀工程预算（或基础）定额仍有很多缺项。虽然在现行各地方、各行业定额中有些列项，但水平参差不一，给建设工程招投标或工程预（结）算工作带来一定难度。为了使新的《建筑防腐蚀工程施工及验收规范》实施，适应不断发展的新材料、新工艺，我们经过几年的调研测算编制了反映现行建筑防腐蚀工程实际的《工业建筑防腐蚀工程技术经济指标》(以下简称本指标)。旨在填补缺项，满足工业建筑防腐蚀工程建设项目的招标、投标报价的需求，为从事工程造价工作者提供了必备的参照依据。

本指标依据《建筑防腐蚀工程施工及验收规范》(GB 50212—2002)、现行的劳动定额编写。

本指标包括下列主要内容：

1. 整体面层

(1) 水泥砂浆（混凝土）基层耐酸砂浆（混凝土）胶泥面层

(2) 水泥砂浆（混凝土）基层玻璃钢面层

(3) 塑料板面层

(4) 金属面基层玻璃钢面层

2. 块料砌筑面层

(1) 平面块料砌筑面层

(2) 立面块料砌筑面层

(3) 块料砌筑面层勾缝

3. 涂料面层

(1) 水泥砂浆（混凝土）基层涂料面层

(2) 金属面基层涂料面层

4. 防火涂料面层

(1) 金属面基层防火涂料面层

(2) 非金属面基层防火涂料面层

本指标表现形式：

以工程直接费表示。其中含人工费、材料费、施工机械台班费。

本指标的计算基础详见各项目指标计算附表。

计量单位：$100m^2$；金属结构面基层100kg。

参加编写的人员：舒天德、林国华、王雨春、吕连生、钱贤甫、郑碧洪、陈伟、杨柏刚、孟宪荣、孔祥延、于淑香。

在此向支持帮助本指标编制工作的单位、个人表示衷心感谢。

使用须知

1. 工业建筑防腐蚀工程技术经济指标（以下简称本指标），主要适用于新建、扩建工业建筑防腐蚀工程，是编制施工图预算、概算指标和编制工程招投标、确定工程造价的基础

2. 本指标的计算基础

2.1 依据：

2.1.1 GB 50212—2002《建筑防腐蚀工程施工及验收规范》及验评标准。

2.1.2 JGJ/T 29—2003《建筑涂饰工程施工及验收规程》。

2.1.3 J 333—1～2《建筑防腐蚀构造图集》2002年合订本。

2.1.4 HGJ 229—91《工业设备、管道防腐蚀工程施工及验收规范》。

2.1.5 GB 14907—2002《钢结构防火涂料》。

2.1.6 GB 50160—92（1999年版）《石油化工企业设计防火规范》。

2.1.7 全国统一建筑工程基础定额。

2.1.8 中华人民共和国劳动和劳动安全行业标准 LD/T 76.8—2000《化工安装工程防腐、绝热劳动定额》。

2.1.9 施工技术操作规程和安全操作规程等有关规定。

2.2 通过几年来对全国较大型设计、施工、生产企业的调研召开座谈会收集的资料。

2.3 本指标包括的项目内容的施工程序和工作内容。

2.4 计量单位：100m^2，金属结构面基层为100kg。

2.5 人工费计算：

2.5.1 人工消耗量包括基本用工和其他用工，不分技术等级和工种均以综合工日计算。

2.5.2 人工工日单价：北京地区32.53元/工日。

2.6 材料费计算：

2.6.1 材料消耗量包括直接消耗在工程中的净用量和合理的损耗量。

2.6.2 对用量很少的零星材料合并为其他材料费，以占材料费百分比列入。

2.6.3 材料消耗量和配合比例，均按现行的施工验收规范规定进行计算确定的。

2.6.4 材料价格，以生产企业提供的价格为基础并参照现行市场价格综合确定。

2.7 施工机械台班费计算：

2.7.1 台班消耗量：依据《全国统一建筑工程基础定额》和原国家石油和化学工业局颁布的化工建筑安装工程预算定额第一册《建筑工程及建筑防腐蚀工程》，并结合调研资料综合取定。

2.7.2 台班价格：依据现行的吉林省建筑工程预算定额台班价格为基础，结合调研资料综合取定。

3. 本指标按下列正常施工条件编制

3.1 建筑物和结构物完整无损，符合质量标准和设计要求，附有验收合格的证明文件。

3.2 安装工程和土建工程之间交叉作业正常。

3.3 气候、地理条件和施工环境符合施工及验收规范的要求。

3.4 材料符合质量标准，并附有合格证明材料。

4. 本指标不包括下列费用

4.1 高层建筑增加费和超高增加费。

4.2 脚手架搭拆费。

4.3 特殊环境施工增加费。

4.4 以费用定额规定计算的费用和税金。

5. 工程量计算

5.1 本指标除另有注明外，均以 $100m^2$（金属结构面基层 100kg）为计量单位。

5.2 工程量计算按设计图纸尺寸，长 × 宽或高计算；孔洞面积在 $0.3m^2$ 以上者扣除，以下者（含 $0.3m^2$）不扣除。

5.3 踢脚线按净长 × 宽计算，其长度扣除门洞所占的长度，加侧壁的长度。

5.4 块料双层砌筑时，工程量应分层计算，计算第二层时，其工程量 × 0.96 系数计取。

5.5 本指标池、沟、槽项目，系指槽、坑：长、宽、深 1.2m 以内；池：容积小于 $1m^3$ 以内；沟：宽、深 0.6m 以内。不符上述条件的池、沟、槽不得按池、沟、槽计算。

6. 按本指标计算时应注意事项

6.1 指标编号与指标计算附表编号应一致。

6.2 实际工程与本指标有不同时，应按指标相对应的指标计算附表中人、材、机消耗量进行调整换算。

目　　录

1. 整体面层技术经济指标表

1.1 说　　明

主要适用于工业厂房、车间、楼地面、平台、基础（墙基、桩基、设备基础)、沟、槽、坑、池及钢、木混凝土结构、构筑物防腐。

1. 平（立）面水泥砂浆基层、耐酸砂浆（混凝土)、胶泥面层。

(1) 施工程序：

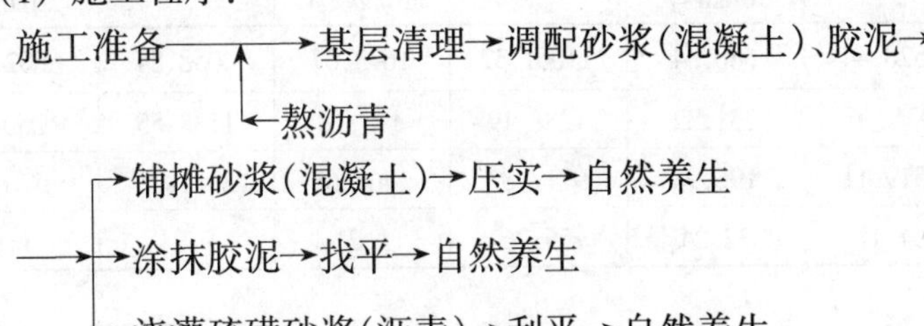

(2) 工作内容：

基础清理。调运耐酸砂浆（混凝土)、胶泥。熬沥青。底层涂稀胶泥。铺摊砂浆（混凝土）压实。浇灌硫磺砂浆、沥青，刮平。

(3) 施工方法：手工操作。

2. 平（立）面、金属面基层玻璃钢面层。

(1) 施工程序：

施工准备→基层清理（金属面除锈）→刷涂底漆→

胶液调配→

→刮涂腻子→糊衬第一层玻璃布→检查修整→

玻璃布处理下料→

糊衬第二层玻璃布→至达到设计要求层数（或厚度）

检查修整→常温养生→合格

(2) 工作内容：同上“施工程序”。

(3) 施工方法：手工糊衬（间断）法。

(4) 采用的玻璃布为无碱、无捻、无蜡布。其布厚度0.20~0.22mm。

3. 本指标不包括内容：

(1) 钢筋、模板的工、料。

(2) 加热处理的工、料。

4. 计量单位经济指标见指标表。

5. 计量单位经济指标计算，材料配合比详见指标计算附表、材料配合比附表。

1.2　平面砂浆、混凝土、胶泥面层

100m² 指标表 1.2-1

编　号		T1	T2	T3	T4	T5	T6
项　目		水玻璃耐酸砂浆		水玻璃耐酸混凝土		水玻璃胶泥	
		20mm 厚	每增减 10mm 厚	60mm 厚	每增减 10mm 厚	10mm 厚	每增减 2mm 厚
指标（元）		5520.44	580.54	11061.32	1673.07	4058.84	832.88
其中	人工费（元）	936.86	351.32	1288.19	195.18	1138.55	260.24
	材料费（元）	4519.11	196.98	9717.87	1468.68	2911.08	570.80
	机械费（元）	64.47	32.24	55.26	9.21	9.21	1.84

100m² 指标表 1.2-2

编　号		T7	T8	T9	T10	T11	T12
项　目		耐酸沥青砂浆		耐酸沥青混凝土		碎石灌沥青垫层	环氧砂浆
		30mm 厚	每增层 5mm 厚	60mm 厚	每增层 10mm 厚	100mm 厚	5mm 厚
指标（元）		4153.01	617.70	4801.94	721.07	8266.08	10392.33
其中	人工费（元）	611.56	97.59	757.95	120.36	910.84	1366.26
	材料费（元）	3476.98	510.90	3988.73	591.50	7355.24	9021.47
	机械费（元）	64.47	9.21	55.26	9.21		4.60

100m² 指标表 1.2-3

编　号		T13	T14	T15	T16	T17	T18
项　目		环氧砂浆	环氧稀胶泥	环氧煤焦油砂浆		环氧呋喃砂浆	
		每增减 1mm 厚	2mm 厚	5mm 厚	每增减 1mm 厚	5mm 厚	每增减 1mm 厚
指标（元）		1679.06	6390.87	5768.47	788.52	7235.67	1067.04
其中	人工费（元）	195.18	1073.49	1333.73	195.18	1366.26	195.18
	材料费（元）	1483.79	5317.20	4434.28	593.25	5868.95	871.77
	机械费（元）	0.09	0.18	0.46	0.09	0.46	0.09

100m² 指标表 1.2-4

编号		T19	T20	T21	T22	T23	T24
项目		邻苯型不饱和聚酯砂浆		双酚 A 型不饱和聚酯砂浆		邻苯型不饱和聚酯稀胶泥	双酚 A 型不饱和聚酯稀胶泥
		5mm 厚	每增减 1mm 厚	5mm 厚	每增减 1mm 厚	2mm 厚	2mm 厚
指标（元）		4392.99	699.89	5789.57	971.02	2902.45	4148.42
其中	人工费（元）	1333.73	195.18	1333.73	195.18	761.20	761.20
	材料费（元）	3058.80	504.62	4455.38	775.75	2141.07	3387.04
	机械费（元）	0.46	0.09	0.46	0.09	0.18	0.18

100m² 指标表 1.2-5

编号		T25	T26	T27	T28	T29	T30
项目		ST-4 环氧煤焦油混凝土		密实性水玻璃混凝土		低收缩聚酯混凝土	
		60mm 厚	每增减 10mm 厚	60mm 厚	每增减 10mm 厚	60mm 厚	每增减 10mm 厚
指标（元）		100380.09	16707.16	55875.45	9289.72	125104.89	20827.96
其中	人工费（元）	1463.85	221.20	1463.85	221.20	1463.85	221.20
	材料费（元）	98899.20	16483.20	54394.56	9065.76	123624.00	20604.00
	机械费（元）	17.04	2.76	17.04	2.76	17.04	2.76

100m² 指标表 1.2-6

编号		T31	T32	T33	T34		
项目		丙烯酸酯乳液水泥砂浆		复合型氯丁胶乳液水泥砂浆			
		10mm 厚	每增减 5mm 厚	10mm 厚	每增减 5mm 厚		
指标（元）		4823.50	2249.11	4807.20	2240.95		
其中	人工费（元）	1301.20	487.95	975.90	325.30		
	材料费（元）	3476.25	1738.13	3785.25	1892.62		
	机械费（元）	46.05	23.03	46.05	23.03		

1.3 立面砂浆、混凝土、胶泥面层

100m² 指标表 1.3-1

编号		T35	T36	T37	T38	T39	T40
项目		水玻璃耐酸砂浆		水玻璃胶泥		沥青砂浆	
		20mm 厚	每增减 10mm 厚	10mm 厚	每增减 2mm 厚	20mm 厚	每增减 5mm 厚
指标（元）		5574.89	2369.83	4779.81	858.90	2487.32	572.63
其中	人工费（元）	1021.44	387.11	1252.41	286.26	448.91	107.35
	材料费（元）	4484.37	1950.48	3518.19	570.80	1992.36	433.04
	机械费（元）	69.08	32.24	9.21	1.84	46.05	32.24

100m² 指标表 1.3-2

编号		T41	T42	T43			
项目		环氧树脂砂浆		环氧树脂胶泥			
		5mm 厚	每增减 1mm 厚	2mm 厚			
指标（元）		10528.97	1699.41	6318.32			
其中	人工费（元）	1502.89	214.70	1171.08			
	材料费（元）	9021.47	1483.79	5145.40			
	机械费（元）	4.61	0.92	1.84			

100m² 指标表 1.3-3

编号		T44	T45	T46	T47	T48	T49
项目		环氧煤焦油砂浆		环氧呋喃砂浆		FVC 砂浆	
		5mm 厚	每增减 1mm 厚	5mm 厚	每增减 1mm 厚	10mm 厚	每增减 2mm 厚
指标（元）		4665.44	814.81	9288.37	1714.25	16193.11	3133.95
其中	人工费（元）	1467.10	214.70	1502.89	214.70	1535.42	221.20
	材料费（元）	3193.73	599.19	7780.87	1498.63	14653.08	2911.83
	机械费（元）	4.61	0.92	4.61	0.92	4.61	0.92

100m² 指标表 1.3-4

编号		T50	T51	T52	T53	T54	T55
项目		邻苯型不饱和聚酯砂浆		双酚A型不饱和聚酯砂浆		邻苯型不饱和聚酯稀胶泥	双酚A型不饱聚酯稀胶泥
		5mm厚	每增减1mm厚	5mm厚	每增减1mm厚	2mm厚	2mm厚
指标（元）		5449.48	720.24	6846.06	991.37	3346.22	4532.85
其中	人工费（元）	1467.10	214.70	1467.10	214.70	845.78	845.78
	材料费（元）	3977.77	504.62	5374.35	775.75	2498.60	3685.23
	机械费（元）	4.61	0.92	4.61	0.92	1.84	1.84

1.4 平面水泥砂浆基层玻璃钢面层

100m² 指标表 1.4-1

编号		T56	T57	T58	T59	T60	T61
项目		底漆	刮腻子	环氧玻璃钢		环氧酚醛玻璃钢	
		每遍	局部	贴布一层	面漆一遍	贴布一层	面漆一遍
指标（元）		646.67	290.67	2384.59	533.95	2272.48	467.03
其中	人工费（元）	172.41	104.10	1431.32	107.35	1431.32	107.35
	材料费（元）	474.26	181.96	953.27	426.60	841.16	359.66
	机械费（元）		4.61				

100m² 指标表 1.4-2

编号		T62	T63	T64	T65	T66	T67
项目		酚醛玻璃钢		环氧煤焦油玻璃钢		环氧呋喃玻璃钢	
		贴布一层	面漆一遍	贴布一层	面漆一遍	贴布一层	面漆一遍
指标（元）		1966.21	337.29	1932.33	310.66	2175.80	479.83
其中	人工费（元）	1431.32	107.35	1431.32	107.35	1431.32	107.35
	材料费（元）	534.89	229.94	501.01	203.31	744.48	372.48
	机械费（元）						

$100m^2$ 指标表 1.4-3

编号		T68	T69	T70	T71	T72	T73
项目		邻苯型不饱和聚酯玻璃钢		双酚 A 型不饱和聚酯玻璃钢		YJ 呋喃玻璃钢	
		贴布一层	面漆一遍	贴布一层	面漆一遍	贴布一层	面漆一遍
指标（元）		2243.51	362.34	2403.06	395.83	2500.83	422.11
其中	人工费（元）	1766.38	117.11	1766.38	117.11	1766.38	117.11
	材料费（元）	477.13	245.23	636.68	278.72	734.45	305.00
	机械费（元）						

$100m^2$ 指标表 1.4-4

编号		T74	T75	T76	T77	T78	T79
项目		底漆		刮腻子	FVC 玻璃钢		
		一遍	每增一遍	干 $\delta = 500\mu m$	贴布一层	面漆一遍	每增一遍
指标（元）		657.10	652.28	4506.38	2584.59	596.54	580.71
其中	人工费（元）	152.89	149.64	136.63	1444.33	81.33	78.07
	材料费（元）	504.21	502.64	4365.14	1140.26	515.21	502.64
	机械费（元）			4.61			

1.5 立面水泥砂浆基层玻璃钢面层

$100m^2$ 指标表 1.5-1

编号		T80	T81	T82	T83	T84	T85
项目		底漆	刮腻子	环氧玻璃钢		酚醛玻璃钢	
		每遍	一层	贴布一层	面漆一遍	贴布一层	面漆一遍
指标（元）		689.63	248.60	2323.31	547.85	2034.89	348.91
其中	人工费（元）	198.43	117.11	1496.38	117.11	1496.38	117.11
	材料费（元）	491.20	126.88	826.93	430.74	538.51	231.80
	机械费（元）		4.61				

100m² 指标表 1.5-2

编号		T86	T87	T88	T89	T90	T91
项目		环氧酚醛玻璃钢		环氧煤焦油玻璃钢		环氧呋喃玻璃钢	
		贴布一层	面漆一遍	贴布一层	面漆一遍	贴布一层	面漆一遍
指标（元）		2241.95	478.36	2013.12	316.66	2258.21	467.36
其中	人工费（元）	1496.38	117.11	1496.38	117.11	1496.38	117.11
	材料费（元）	745.57	361.25	516.74	199.55	761.83	350.25
	机械费（元）						

100m² 指标表 1.5-3

编号		T92	T93	T94	T95	T96	T97
项目		邻苯型不饱和聚酯玻璃钢		双酚A型不饱和聚酯玻璃钢		YJ呋喃玻璃钢	
		贴布一层	面漆一遍	贴布一层	面漆一遍	贴布一层	面漆一遍
指标（元）		2288.37	307.33	2449.69	413.45	2520.43	422.62
其中	人工费（元）	1821.68	130.12	1821.68	130.12	1821.68	130.12
	材料费（元）	466.69	177.21	628.01	283.33	698.75	292.50
	机械费（元）						

100m² 指标表 1.5-4

编号		T98	T99	T100	T101	T102	T103
项目		底漆		刮腻子	FVC 面漆		
		一遍	每增一遍	一遍	贴布一层	面漆一遍	每增一遍
指标（元）		724.87	709.04	4161.49	2636.58	615.39	583.97
其中	人工费（元）	159.40	156.14	139.88	1496.38	81.33	81.33
	材料费（元）	565.47	552.90	4017.00	1140.20	534.06	502.64
	机械费（元）			4.61			

1.6　金属面基层玻璃钢面层

100m² 指标表 1.6-1

编　　号		T104	T105	T106	T107	T108	T109
项　　目		底漆	刮腻子	环氧玻璃钢		环氧酚醛玻璃钢	
		一遍	一遍	贴布一层	面漆一遍	贴布一层	面漆一遍
指标（元）		688.29	163.32	2590.57	536.93	2506.04	481.88
其中	人工费（元）	175.66	58.55	1766.38	117.11	1766.38	117.11
	材料费（元）	512.63	100.16	824.19	419.82	739.66	364.77
	机械费（元）		4.61				

100m² 指标表 1.6-2

编　　号		T110	T111	T112	T113	T114	T115
项　　目		环氧呋喃玻璃钢		环氧煤焦油玻璃钢		酚醛呋喃玻璃钢	
		贴布一层	面漆一遍	贴布一层	面漆一遍	贴布一层	面漆一遍
指标（元）		2503.49	480.13	2259.19	313.56	2327.83	360.67
其中	人工费（元）	1766.38	117.11	1766.38	117.11	1766.38	117.11
	材料费（元）	737.11	363.02	492.81	196.45	561.45	243.56
	机械费（元）						

100m² 指标表 1.6-3

编　　号		T116	T117	T118	T119	T120	T121
项　　目		酚醛玻璃钢		YJ 呋喃玻璃钢		聚酯树脂玻璃钢	
		贴布一层	面漆一遍	贴布一层	面漆一遍	贴布一层	面漆一遍
指标（元）		2321.94	355.45	2480.50	422.11	2211.97	361.41
其中	人工费（元）	1766.38	117.11	1766.38	117.11	1766.38	117.11
	材料费（元）	555.56	238.34	714.12	305.00	445.59	244.30
	机械费（元）						

1.7 聚氯乙烯板面层

100m² 指标表 1.7-1

编　号		T122					
项　目		聚氯乙烯塑料板					
		地　面					
指标（元）		4617.86					
其中	人工费（元）	2189.27					
	材料费（元）	2428.59					
	机械费（元）						

2. 块料砌筑面层（平面、立面、池、沟、槽、块料面层勾缝）技术经济指标表

2.1 说　明

主要适用于各种块料的砌筑、勾缝。

1. 施工程序：

施工准备→基层清理→涂抹稀胶泥（底涂层）→
稀胶泥调配↗　　　　块料挑选→清理→调配胶泥↗

→块料砌筑（或砌筑块料面层勾缝）→检查→养生→酸化处理（硅质胶泥）

2. 工作内容：同“施工程序”。

3. 施工方法：手工揉挤法。

4. 勾缝砌层，砌筑块材时应严格控制预留出勾缝的灰缝宽度、深度。采用手工勾填。

5. 各种块料、胶粘剂用量计算详见材料附表。

（1）花岗岩石板面层，以六面剁斧的板材为准，加工级别：正面细豆光，侧面为斧光，背面粗平。

（2）板材净用量计算公式

$$\text{板材净用量} = \frac{100\text{m}^2}{(a+x)\times(b+x)}$$

式中　a——板长度；

b——板宽度；

x——灰缝宽度。

（3）胶泥用量计算公式

$$\text{结合层胶泥(砂浆)用量} = 100\text{m}^2 \times d\text{(结合层厚度)}$$

$$\text{灰缝胶泥用量} = a_1 \times b_1 \times c$$

式中　a_1——灰缝深度；

b_1——灰缝宽度；

c——100m^2 灰缝总长度；

c =（单板一个边长度 + 单板一个边宽度）× 板净用量。

6. 本指标不包括下列内容：

(1) 块料面层热处理。

(2) 硅脂胶泥砌筑（勾缝）酸化处理发生的工、料。

(3) 块料机械加工发生的工、料。

7. 本指标胶泥、砂浆搅拌不分手工、机械。

8. 本指标块料用量和胶泥（砂浆）用量与实际不同时可按上述公式计算调整。

2.2 平面块料砌筑面层

2.2.1 平面环氧胶泥砌块料

100m² 指标表 2.2.1-1

编号		T123	T124	T125	T126	T127	T128
项目		瓷砖		瓷板			
		65mm 厚	113mm 厚	20mm 厚	30mm 厚	20mm 厚	30mm 厚
指标（元）		48316.42	72422.17	33495.18	36398.64	33927.23	36938.34
其中	人工费（元）	3675.89	4749.38	3773.48	3806.01	3871.07	3936.13
	材料费（元）	44456.33	67488.59	29537.50	32408.43	29871.96	32818.01
	机械费（元）	184.20	184.20	184.20	184.20	184.20	184.20

100m² 指标表 2.2.1-2

编号		T129	T130	T131	T132	T133	T134
项目		陶板		铸石板			
		20mm 厚	30mm 厚	20mm 厚	30mm 厚	20mm 厚	30mm 厚
指标（元）		28461.44	29730.37	40420.84	44453.07	37820.20	39698.08
其中	人工费（元）	3773.48	3806.01	3871.07	3936.13	3448.18	3451.43
	材料费（元）	24503.76	25740.16	36365.57	40332.74	34187.82	36062.45
	机械费（元）	184.20	184.20	184.20	184.20	184.20	184.20

2.2.2 平面环氧煤焦油胶泥砌块料

100m² 指标表 2.2.2-1

编　　号		T135	T136	T137	T138	T139	T140
项　　目		瓷　砖		瓷　板			
		65mm 厚	113mm 厚	20mm 厚	30mm 厚	20mm 厚	30mm 厚
指标（元）		44783.57	66711.54	31047.19	33781.27	31446.98	34276.61
其中	人工费（元）	3675.89	4749.38	3773.48	3806.01	3871.07	3936.13
	材料费（元）	40923.48	61777.96	27089.51	29791.06	27391.71	30156.28
	机械费（元）	184.20	184.20	184.20	184.20	184.20	184.20

100m² 指标表 2.2.2-2

编　　号		T141	T142	T143	T144	T145	T146
项　　目		陶　板		铸　石　板			
		20mm 厚	30mm 厚	20mm 厚	30mm 厚	20mm 厚	30mm 厚
指标（元）		26013.45	27370.40	36859.77	40593.55	34150.24	35891.09
其中	人工费（元）	3773.48	3806.01	3871.07	3936.13	3448.18	3451.43
	材料费（元）	22055.77	23380.19	32804.50	36473.22	30517.86	32255.46
	机械费（元）	184.20	184.20	184.20	184.20	184.20	184.20

2.2.3 平面环氧呋喃胶泥砌块料

100m² 指标表 2.2.3-1

编　　号		T147	T148	T149	T150	T151	T152
项　　目		瓷　砖		瓷　板			
		65mm 厚	113mm 厚	20mm 厚	30mm 厚	20mm 厚	30mm 厚
指标（元）		48461.52	72656.72	33595.72	36506.14	34029.10	37047.66
其中	人工费（元）	3675.89	4749.38	3773.48	3806.01	3871.07	3936.13
	材料费（元）	44601.43	67723.14	29638.04	32515.93	29973.83	32927.33
	机械费（元）	184.20	184.20	184.20	184.20	184.20	184.20

100m^2 指标表 2.2.3-2

编　　号		T153	T154	T155	T156	T157	T158
项　　目		陶　　板		铸　　石　　板			
		20mm 厚	30mm 厚	20mm 厚	30mm 厚	20mm 厚	30mm 厚
指标（元）		28561.99	30095.27	40567.10	44611.58	37970.94	39854.54
其中	人工费（元）	3773.48	3806.01	3871.07	3936.13	3448.18	3451.43
	材料费（元）	24604.31	26105.06	36511.83	40491.25	34338.56	36218.91
	机械费（元）	184.20	184.20	184.20	184.20	184.20	184.20

2.2.4　平面环氧酚醛胶泥砌块料

100m^2 指标表 2.2.4-1

编　　号		T159	T160	T161	T162	T163	T164
项　　目		瓷　　砖		瓷　　板			
		65mm 厚	113mm 厚	20mm 厚	30mm 厚	20mm 厚	30mm 厚
指标（元）		45331.68	67597.53	31426.99	34187.35	31831.78	34689.56
其中	人工费（元）	3675.89	4749.38	3773.48	3806.01	3871.07	3936.13
	材料费（元）	41471.59	62663.95	27469.31	30197.14	27776.51	30569.23
	机械费（元）	184.20	184.20	184.20	184.20	184.20	184.20

100m^2 指标表 2.2.4-2

编　　号		T165	T166	T167	T168	T169	T170
项　　目		陶　　板		铸　　石　　板			
		20mm 厚	30mm 厚	20mm 厚	30mm 厚	20mm 厚	30mm 厚
指标（元）		26393.25	27776.47	37412.26	41192.34	34719.62	36481.75
其中	人工费（元）	3773.48	3806.01	3871.07	3936.13	3448.18	3451.43
	材料费（元）	22435.57	23786.26	33356.99	37072.01	31087.24	32846.12
	机械费（元）	184.20	184.20	184.20	184.20	184.20	184.20

2.2.5 平面酚醛胶泥砌块料

100m² 指标表 2.2.5-1

编号		T171	T172	T173	T174	T175	T176
项目		瓷砖		瓷板			
		65mm 厚	113mm 厚	20mm 厚	30mm 厚	20mm 厚	30mm 厚
指标（元）		37601.80	55102.65	26070.78	28218.60	26184.04	28865.68
其中	人工费（元）	3675.89	4749.38	3773.48	3806.01	3871.07	3936.13
	材料费（元）	33741.71	50169.07	22113.10	24228.39	22128.77	24745.35
	机械费（元）	184.20	184.20	184.20	184.20	184.20	184.20

100m² 指标表 2.2.5-2

编号		T177	T178	T179	T180	T181	T182
项目		陶板		铸石板			
		20mm 厚	30mm 厚	20mm 厚	30mm 厚	20mm 厚	30mm 厚
指标（元）		21037.04	22049.65	29620.60	32747.71	26689.72	28151.83
其中	人工费（元）	3773.48	3806.01	3871.07	3936.13	3448.18	3451.43
	材料费（元）	17079.36	18059.44	25565.33	28627.38	23057.34	24516.20
	机械费（元）	184.20	184.20	184.20	184.20	184.20	184.20

2.2.6 平面 YJ 呋喃胶泥砌块料

100m² 指标表 2.2.6-1

编号		T183	T184	T185	T186	T187	T188
项目		瓷砖		瓷板			
		65mm 厚	113mm 厚	20mm 厚	30mm 厚	20mm 厚	30mm 厚
指标（元）		45686.03	68170.31	31672.52	34449.87	32080.55	34956.54
其中	人工费（元）	3675.89	4749.38	3773.48	3806.01	3871.07	3936.13
	材料费（元）	41825.94	63236.73	27714.84	30459.66	28025.28	30836.21
	机械费（元）	184.20	184.20	184.20	184.20	184.20	184.20

100m² 指标表 2.2.6-2

编号		T189	T190	T191	T192	T193	T194
项目		陶板		铸石板			
		20mm厚	30mm厚	20mm厚	30mm厚	20mm厚	30mm厚
指标（元）		26638.79	28039.00	37769.43	41579.45	35087.72	36863.60
其中	人工费（元）	3773.48	3806.01	3871.07	3936.13	3448.18	3451.43
	材料费（元）	22681.11	24048.79	33714.16	37459.12	31455.34	33227.97
	机械费（元）	184.20	184.20	184.20	184.20	184.20	184.20

2.2.7 平面双酚A型不饱和聚酯胶泥砌块料

100m² 指标表 2.2.7-1

编号		T195	T196	T197	T198	T199	T200
项目		瓷砖		瓷板			
		65mm厚	113mm厚	20mm厚	30mm厚	20mm厚	30mm厚
指标（元）		42532.48	63072.79	29487.36	32113.51	29866.58	32580.58
其中	人工费（元）	3675.89	4749.38	3773.48	3806.01	3871.07	3936.13
	材料费（元）	38672.39	58139.21	25529.68	28123.30	25811.31	28460.25
	机械费（元）	184.20	184.20	184.20	184.20	184.20	184.20

100m² 指标表 2.2.7-2

编号		T201	T202	T203	T204	T205	T206
项目		陶板		铸石板			
		20mm厚	30mm厚	20mm厚	30mm厚	20mm厚	30mm厚
指标（元）		24453.62	25565.78	33642.70	35003.71	31811.77	33464.89
其中	人工费（元）	3773.48	3806.01	3871.07	3936.13	3448.18	3451.43
	材料费（元）	20495.94	21575.57	29587.43	30883.38	28179.39	29829.26
	机械费（元）	184.20	184.20	184.20	184.20	184.20	184.20

2.2.8 平面邻苯型不饱和聚酯胶泥砌块料

100m² 指标表 2.2.8-1

编号		T207	T208	T209	T210	T211	T212
项目		瓷砖		瓷板			
		65mm 厚	113mm 厚	20mm 厚	30mm 厚	20mm 厚	30mm 厚
指标（元）		37625.09	55140.30	26086.92	28477.79	26421.33	28883.23
其中	人工费（元）	3675.89	4749.38	3773.48	3806.01	3871.07	3936.13
	材料费（元）	33765.00	50206.72	22129.24	24487.58	22366.06	24762.90
	机械费（元）	184.20	184.20	184.20	184.20	184.20	184.20

100m² 指标表 2.2.8-2

编号		T213	T214	T215	T216	T217	T218
项目		陶板		铸石板			
		20mm 厚	30mm 厚	20mm 厚	30mm 厚	20mm 厚	30mm 厚
指标（元）		21053.18	22066.91	29163.88	32773.16	26713.92	28176.93
其中	人工费（元）	3773.48	3806.01	3871.07	3936.13	3448.18	3451.43
	材料费（元）	17095.50	18076.70	25108.61	28652.83	23081.54	24541.30
	机械费（元）	184.20	184.20	184.20	184.20	184.20	184.20

2.2.9 平面水玻璃胶泥砌块料

100m² 指标表 2.2.9-1

编号		T219	T220	T221	T222	T223	T224
项目		瓷砖		瓷板			
		65mm 厚	113mm 厚	20mm 厚	30mm 厚	20mm 厚	30mm 厚
指标（元）		23376.36	37334.66	13546.98	15655.27	13827.35	15986.78
其中	人工费（元）	3675.89	4749.38	3773.48	3806.01	3871.07	3936.13
	材料费（元）	19516.27	32401.08	9589.30	11665.06	9772.08	11866.45
	机械费（元）	184.20	184.20	184.20	184.20	184.20	184.20

100m² 指标表 2.2.9-2

编号		T225	T226	T227	T228	T229	T230
项目		陶板		铸石板			
		20mm	30mm	20mm	30mm	20mm	30mm
指标（元）		8512.98	9244.39	14012.72	14424.25	12439.71	13668.05
其中	人工费（元）	3773.48	3806.01	3871.07	3936.13	3448.18	3448.18
	材料费（元）	4555.30	5254.18	9957.45	10303.92	8807.33	10035.67
	机械费（元）	184.20	184.20	184.20	184.20	184.20	184.20

100m² 指标表 2.2.9-3

编号		T231	T232	T233	T234		
项目		花岗岩石板					
		60mm 厚	80mm 厚	100mm 厚	40mm 厚		
指标（元）		22736.00	24399.32	25999.06	17309.11		
其中	人工费（元）	3474.20	3474.20	3480.71	3480.71		
	材料费（元）	19077.60	20740.92	22334.15	13644.20		
	机械费（元）	184.20	184.20	184.20	184.20		

2.2.10 平面硫磺胶泥砌块料

100m² 指标表 2.2.10

编号		T235	T236	T237	T238	T239	T240	T241	T242
项目		瓷砖		瓷板		陶板		铸石板	
		65mm	113mm	20mm	30mm	20mm	30mm	20mm 厚	30mm 厚
指标（元）		26356.20	40580.36	15735.87	18001.89	10892.72	11834.83	16372.95	16925.08
其中	人工费（元）	3675.89	3806.01	3773.48	3806.01	3773.48	3806.01	3871.07	3936.13
	材料费（元）	22680.31	36774.35	11962.39	14195.88	7119.24	8028.82	12501.88	12988.95
	机械费（元）								

2.2.11 平面沥青胶泥砌块料

100m² 指标表 2.2.11

编　号		T243	T244	T245	T246	T247	T248	T249	T250
项　目		瓷　砖		瓷　板		陶　板		铸　石　板	
		65mm 厚	113mm 厚	20mm 厚	30mm 厚	20mm 厚	30mm 厚	20mm 厚	30mm 厚
指标（元）		21810.80	34844.75	12368.39	14407.84	7455.19	8165.28	12540.79	12832.56
其中	人工费（元）	3675.89	4749.38	3773.48	3806.01	3773.48	3806.01	3871.07	3936.13
	材料费（元）	17950.71	29911.17	8410.71	10417.63	3497.51	4175.07	8485.52	8712.23
	机械费（元）	184.20	184.20	184.20	184.20	184.20	184.20	184.20	184.20

2.3 平面胶泥、砂浆结合层

2.3.1 平面水玻璃胶泥结合层砌筑

100m² 指标表 2.3.1-1

编　号		T251	T252	T253	T254	T255	T256
项　目		瓷　砖		瓷　板			
		65mm 厚	113mm 厚	20mm 厚	30mm 厚	20mm 厚	30mm 厚
指标（元）		23238.07	37051.55	13546.71	15620.53	13827.35	15986.78
其中	人工费（元）	3675.89	4749.38	3773.48	3806.01	3871.07	3936.13
	材料费（元）	19377.98	32117.97	9589.03	11630.32	9772.08	11866.45
	机械费（元）	184.20	184.20	184.20	184.20	184.20	184.20

100m² 指标表 2.3.1-2

编　号		T257	T258	T259	T260	T261	T262
项　目		陶　板		铸　石　板			
		20mm 厚	30mm 厚	20mm 厚	30mm 厚	20mm 厚	30mm 厚
指标（元）		8512.98	9244.39	14007.94	14749.77	12487.78	13771.07
其中	人工费（元）	3773.48	3806.01	3578.30	3936.13	3448.18	3448.18
	材料费（元）	4555.30	5254.18	10245.44	10629.44	8855.40	10138.69
	机械费（元）	184.20	184.20	184.20	184.20	184.20	184.20

100m^2 指标表 2.3.1-3

编　　号		T263	T264	T265	T266		
项　　目		花岗岩石板					
		60mm 厚	80mm 厚	100mm 厚	40mm 厚		
指标（元）		23747.20	25459.40	27273.54	17987.28		
其中	人工费（元）	3474.20	3474.20	3480.71	3480.71		
	材料费（元）	20088.80	21801.00	23608.63	14322.37		
	机械费（元）	184.20	184.20	184.20	184.20		

2.3.2　平面沥青胶泥结合层砌筑

100m^2 指标表 2.3.2

编　　号		T267	T268	T269	T270	T271	T272	T273	T274
项　　目		瓷　砖		瓷　板		陶　板		铸石板	
		65mm 厚	113mm 厚	20mm 厚	30mm 厚	20mm 厚	30mm 厚	20mm 厚	30mm 厚
指标（元）		21333.12	34282.11	11982.49	14013.61	7072.08	7774.84	12160.16	12424.45
其中	人工费（元）	3448.18	4424.08	3643.36	3675.89	3643.36	3675.89	3773.48	3806.01
	材料费（元）	17700.74	29673.83	8154.93	10153.52	3244.52	3914.75	8202.48	8434.24
	机械费（元）	184.20	184.20	184.20	184.20	184.20	184.20	184.20	184.20

2.3.3　平面水玻璃砂浆结合层砌筑

100m^2 指标表 2.3.3-1

编　　号		T275	T276	T277	T278	T279	T280
项　　目		瓷　砖		瓷　板			
		65mm 厚	113mm 厚	20mm 厚	30mm 厚	20mm 厚	30mm 厚
指标（元）		12518.07	35955.57	12992.79	15063.02	13266.13	15384.49
其中	人工费（元）	3675.89	4749.38	3773.48	3806.01	3871.07	3936.13
	材料费（元）	18657.98	31021.99	9035.11	11072.81	9210.86	11264.16
	机械费（元）	184.20	184.20	184.20	184.20	184.20	184.20

100m² 指标表 2.3.3-2

编号		T281	T282	T283	T284	T285	T286
项目		陶板		铸石板			
		20mm厚	30mm厚	20mm厚	30mm厚	20mm厚	30mm厚
指标（元）		7959.05	8652.15	13494.92	13876.45	11517.73	12747.18
其中	人工费（元）	3773.48	3806.01	3871.07	3936.13	3448.18	3448.18
	材料费（元）	4001.37	4661.94	9439.65	9756.12	7885.35	9114.80
	机械费（元）	184.20	184.20	184.20	184.20	184.20	184.20

100m² 指标表 2.3.3-3

编号		T287	T288	T289	T290		
项目		花岗岩石板					
		60mm厚	80mm厚	100mm厚	40mm厚		
指标（元）		22222.77	23850.09	25484.93	16811.91		
其中	人工费（元）	3448.18	3448.18	3480.71	3480.71		
	材料费（元）	18590.39	20217.71	21820.02	13147.00		
	机械费（元）	184.20	184.20	184.20	184.20		

2.3.4 平面沥青砂浆结合层砌筑

100m² 指标表 2.3.4

编号		T291	T292	T293	T294	T295	T296	T297	T298
项目		瓷砖		瓷板		陶板		铸石板	
		65mm厚	113mm厚	20mm厚	30mm厚	20mm厚	30mm厚	20mm厚	30mm厚
指标（元）		21063.83	33890.56	11975.61	14000.19	7590.81	7675.38	12724.25	12949.96
其中	人工费（元）	3448.18	4424.08	3643.36	3675.89	3643.36	3675.89	3773.48	3806.01
	材料费（元）	17431.45	29282.28	8148.05	10140.10	3763.25	3815.29	8766.57	8959.75
	机械费（元）	184.20	184.20	184.20	184.20	184.20	184.20	184.20	184.20

2.3.5 1:2 水泥砂浆结合层砌筑

100m² 指标表 2.3.5-1

编 号		T299	T300	T301	T302	T303	T304
项 目		瓷 砖		瓷 板			
		65mm 厚	113mm 厚	20mm 厚	30mm 厚	20mm 厚	30mm 厚
指标（元）		19888.76	31946.05	10954.14	12889.17	11221.17	13181.57
其中	人工费（元）	3448.18	4424.08	3643.36	3675.89	3773.48	3806.01
	材料费（元）	16256.38	27337.77	7126.58	9029.08	7263.49	9191.36
	机械费（元）	184.20	184.20	184.20	184.20	184.20	184.20

100m² 指标表 2.3.5-2

编 号		T305	T306	T307	T308	T309	T310
项 目		陶 板		铸 石 板			
		20mm 厚	30mm 厚	20mm 厚	30mm 厚	20mm 厚	30mm 厚
指标（元）		6043.72	6650.40	10964.78	11091.11	8967.57	10085.77
其中	人工费（元）	3643.36	3675.89	3773.48	3806.01	3448.18	3448.18
	材料费（元）	2216.16	2790.31	7007.10	7100.90	5335.19	6453.39
	机械费（元）	184.20	184.20	184.20	184.20	184.20	184.20

100m² 指标表 2.3.5-3

编 号		T311	T312	T313	T314		
项 目		花 岗 岩 石 板					
		60mm 厚	80mm 厚	100mm 厚	40mm 厚		
指标（元）		18512.02	19964.53	21239.09	13868.12		
其中	人工费（元）	3448.18	3448.18	3480.71	3480.71		
	材料费（元）	14879.64	16332.15	17574.18	10203.21		
	机械费（元）	184.20	184.20	184.20	184.20		

2.4 块料面层勾缝

2.4.1 环氧胶泥

100m² 指标表 2.4.1-1

编　　号		T315	T316	T317	T318	T319	T320
项　　目		瓷　砖		瓷　板		陶　板	
		65mm 厚	113mm 厚	20mm 厚	30mm 厚	20mm 厚	30mm 厚
指标（元）		2422.12	3076.39	2389.59	2389.59	2389.59	2389.59
其中	人工费（元）	195.18	195.18	162.65	162.65	162.65	162.65
	材料费（元）	2180.89	2835.16	2180.89	2180.89	2180.89	2180.89
	机械费（元）	46.05	46.05	46.05	46.05	46.05	46.05

100m² 指标表 2.4.1-2

编　　号		T321	T322	T323	T324	T325	T326
项　　目		铸　石　板		花岗岩石板			
		20mm 厚	30mm 厚	60mm 厚	80mm 厚	100mm 厚	40mm 厚
指标（元）		2389.59	2389.59	2389.59	2389.59	2825.77	2825.77
其中	人工费（元）	162.65	162.65	162.65	162.65	162.65	162.65
	材料费（元）	2180.89	2180.89	2180.89	2180.89	2617.07	2617.07
	机械费（元）	46.05	46.05	46.05	46.05	46.05	46.05

2.4.2 环氧煤焦油胶泥

100m² 指标表 2.4.2-1

编　　号		T327	T328	T329	T330	T331	T332
项　　目		瓷　砖		瓷　板		陶　板	
		65mm 厚	113mm 厚	20mm 厚	30mm 厚	20mm 厚	30mm 厚
指标（元）		2018.83	2552.11	1986.30	1986.30	1986.30	1986.30
其中	人工费（元）	195.18	195.18	162.65	162.65	162.65	162.65
	材料费（元）	1777.60	2310.88	1777.60	1777.60	1777.60	1777.60
	机械费（元）	46.05	46.05	46.05	46.05	46.05	46.05

100m² 指标表 2.4.2-2

编号		T333	T334	T335	T336	T337	T338
项目		铸石板		花岗岩石板			
		20mm 厚	30mm 厚	60mm 厚	80mm 厚	100mm 厚	40mm 厚
指标（元）		1986.30	1986.30	1986.30	1986.30	2341.83	2341.83
其中	人工费（元）	162.65	162.65	162.65	162.65	162.65	162.65
	材料费（元）	1777.60	1777.60	1777.60	1777.60	2133.13	2133.13
	机械费（元）	46.05	46.05	46.05	46.05	46.05	46.05

2.4.3 环氧呋喃胶泥

100m² 指标表 2.4.3-1

编号		T339	T340	T341	T342	T343	T344
项目		瓷砖		瓷板		陶板	
		65mm 厚	113mm 厚	20mm 厚	30mm 厚	20mm 厚	30mm 厚
指标（元）		2438.69	3097.92	2406.16	2406.16	2406.16	2406.16
其中	人工费（元）	195.18	195.18	162.65	162.65	162.65	162.65
	材料费（元）	2197.46	2856.69	2197.46	2197.46	2197.46	2197.46
	机械费（元）	46.05	46.05	46.05	46.05	46.05	46.05

100m² 指标表 2.4.3-2

编号		T345	T346	T347	T348	T349	T350
项目		铸石板		花岗岩石板			
		20mm 厚	30mm 厚	60mm 厚	80mm 厚	100mm 厚	40mm 厚
指标（元）		2406.16	2406.16	2406.16	2406.16	2845.65	2845.65
其中	人工费（元）	162.65	162.65	162.65	162.65	162.65	162.65
	材料费（元）	2197.46	2197.46	2197.46	2197.46	2636.95	2636.95
	机械费（元）	46.05	46.05	46.05	46.05	46.05	46.05

2.4.4 环氧酚醛胶泥

100m² 指标表 2.4.4-1

编号		T351	T352	T353	T354	T355	T356
项目		瓷砖		瓷板		陶板	
		65mm 厚	113mm 厚	20mm 厚	30mm 厚	20mm 厚	30mm 厚
指标（元）		2081.40	2633.45	2048.87	2048.87	2048.87	2048.87
其中	人工费（元）	195.18	195.18	162.65	162.65	162.65	162.65
	材料费（元）	1840.17	2392.22	1840.17	1840.17	1840.17	1840.17
	机械费（元）	46.05	46.05	46.05	46.05	46.05	46.05

100m² 指标表 2.4.4-2

编号		T357	T358	T359	T360	T361	T362
项目		铸石板		花岗岩石板			
		20mm 厚	30mm 厚	60mm 厚	80mm 厚	100mm 厚	40mm 厚
指标（元）		2048.87	2048.87	2048.87	2048.87	2416.92	2416.92
其中	人工费（元）	162.65	162.65	162.65	162.65	162.65	162.65
	材料费（元）	1840.17	1840.17	1840.17	1840.17	2208.22	2208.22
	机械费（元）	46.05	46.05	46.05	46.05	46.05	46.05

2.4.5 酚醛胶泥

100m² 指标表 2.4.5-1

编号		T363	T364	T365	T366	T367	T368
项目		瓷砖		瓷板		陶板	
		65mm 厚	113mm 厚	20mm 厚	30mm 厚	20mm 厚	30mm 厚
指标（元）		1198.99	1486.32	1166.46	1166.46	1166.46	1166.46
其中	人工费（元）	195.18	195.18	162.65	162.65	162.65	162.65
	材料费（元）	957.76	1245.09	957.76	957.76	957.76	957.76
	机械费（元）	46.05	46.05	46.05	46.05	46.05	46.05

100m² 指标表 2.4.5-2

编号		T369	T370	T371	T372	T373	T374
项目		铸石板		花岗岩石板			
		20mm 厚	30mm 厚	60mm 厚	80mm 厚	100mm 厚	40mm 厚
指标（元）		1166.46	1166.46	1166.46	1166.46	1358.02	1358.02
其中	人工费（元）	162.65	162.65	162.65	162.65	162.65	162.65
	材料费（元）	957.76	957.76	957.76	957.76	1149.32	1149.32
	机械费（元）	46.05	46.05	46.05	46.05	46.05	46.05

2.4.6 YJ 呋喃胶泥

100m² 指标表 2.4.6-1

编号		T375	T376	T377	T378	T379	380
项目		瓷砖		瓷板		陶板	
		65mm 厚	113mm 厚	20mm 厚	30mm 厚	20mm 厚	30mm 厚
指标（元）		2121.85	2686.04	2089.32	2089.32	2089.32	2089.32
其中	人工费（元）	195.18	195.18	162.65	162.65	162.65	162.65
	材料费（元）	1880.62	2444.81	1880.62	1880.62	1880.62	1880.62
	机械费（元）	46.05	46.05	46.05	46.05	46.05	46.05

100m² 指标表 2.4.6-2

编号		T381	T382	T383	T384	T385	T386
项目		铸石板		花岗岩石板			
		20mm 厚	30mm 厚	60mm 厚	80mm 厚	100mm 厚	40mm 厚
指标（元）		2089.32	2089.32	2089.32	2089.32	2465.44	2465.44
其中	人工费（元）	162.65	162.65	162.65	162.65	162.65	162.65
	材料费（元）	1880.62	1880.62	1880.62	1880.62	2256.74	2256.74
	机械费（元）	46.05	46.05	46.05	46.05	46.05	46.05

2.4.7 双酚 A 型不饱和聚酯胶泥

100m² 指标表 2.4.7-1

编号		T387	T388	T389	T390	T391	T392
项目		瓷砖		瓷板		陶板	
		65mm 厚	113mm 厚	20mm 厚	30mm 厚	20mm 厚	30mm 厚
指标（元）		1761.86	2218.04	1729.33	1729.33	1729.33	1729.33
其中	人工费（元）	195.18	195.18	162.65	162.65	162.65	162.65
	材料费（元）	1520.63	1976.81	1520.63	1520.63	1520.63	1520.63
	机械费（元）	46.05	46.05	46.05	46.05	46.05	46.05

100m² 指标表 2.4.7-2

编号		T393	T394	T395	T396	T397	T398
项目		铸石板		花岗岩石板			
		20mm 厚	30mm 厚	60mm 厚	80mm 厚	100mm 厚	40mm 厚
指标（元）		1729.33	1729.33	1729.33	1729.33	2033.45	2033.45
其中	人工费（元）	162.65	162.65	162.65	162.65	162.65	162.65
	材料费（元）	1520.63	1520.69	1520.65	1520.63	1824.75	1824.75
	机械费（元）	46.05	46.05	46.05	46.05	46.05	46.05

2.4.8 邻苯型不饱和聚酯胶泥

100m² 指标表 2.4.8-1

编号		T399	T400	T401	T402	T403	T404
项目		瓷砖		瓷板		陶板	
		65mm 厚	113mm 厚	20mm 厚	30mm 厚	20mm 厚	30mm 厚
指标（元）		1201.65	1489.78	1169.12	1169.12	1169.12	1169.12
其中	人工费（元）	195.18	195.18	162.65	162.65	162.65	162.65
	材料费（元）	960.42	1248.55	960.42	960.42	960.42	960.42
	机械费（元）	46.05	46.05	46.05	46.05	46.05	46.05

100m² 指标表 2.4.8-2

编号		T405	T406	T407	T408	T409	T410
项目		铸石板		花岗岩石板			
		20mm 厚	30mm 厚	60mm 厚	80mm 厚	100mm 厚	40mm 厚
指标（元）		1169.12	1169.12	1169.12	1169.12	1361.21	1361.21
其中	人工费（元）	162.65	162.65	162.65	162.65	162.65	162.65
	材料费（元）	960.42	960.42	960.42	960.42	1152.51	1152.51
	机械费（元）	46.05	46.05	46.05	46.05	46.05	46.05

2.4.9 硫磺胶泥

100m² 指标表 2.4.9-1

编号		T411	T412	T413	T414	T415	T416
项目		瓷砖		瓷板		陶板	
		65mm 厚	113mm 厚	20mm 厚	30mm 厚	20mm 厚	30mm 厚
指标（元）		647.16	782.75	614.63	614.63	614.63	614.63
其中	人工费（元）	195.18	195.18	162.65	162.65	162.65	162.65
	材料费（元）	451.98	587.57	451.98	451.98	451.98	451.98
	机械费（元）						

100m² 指标表 2.4.9-2

编号		T417	T418	T419	T420	T421	T422
项目		铸石板		花岗岩石板			
		20mm 厚	30mm 厚	60mm 厚	80mm 厚	100mm 厚	40mm 厚
指标（元）		614.63	614.63	614.63	614.63	705.02	705.02
其中	人工费（元）	162.65	162.65	162.65	162.65	162.65	162.65
	材料费（元）	451.98	451.98	451.98	451.98	542.37	542.37
	机械费（元）						

2.4.10 沥青胶泥

100m² 指标表 2.4.10-1

编号		T423	T424	T425	T426	T427	T428
项目		瓷砖		瓷板		陶板	
		65mm 厚	113mm 厚	20mm 厚	30mm 厚	20mm 厚	30mm 厚
指标（元）		394.37	440.31	361.84	361.84	361.84	361.84
其中	人工费（元）	195.18	195.18	162.65	162.65	162.65	162.65
	材料费（元）	153.14	199.08	153.14	153.14	153.14	153.14
	机械费（元）	46.05	46.05	46.05	46.05	46.05	46.05

100m² 指标表 2.4.10-2

编号		T429	T430	T431	T432	T433	T434
项目		铸石板		花岗岩石板			
		20mm 厚	30mm 厚	60mm 厚	80mm 厚	100mm 厚	40mm 厚
指标（元）		361.84	361.84	361.84	361.84	392.46	392.46
其中	人工费（元）	162.65	162.65	162.65	162.65	162.65	162.65
	材料费（元）	153.14	153.14	153.14	153.14	183.76	183.76
	机械费（元）	46.05	46.05	46.05	46.05	46.05	46.05

2.4.11 水玻璃胶泥

100m² 指标表 2.4.11-1

编号		T435	T436	T437	T438	T439	T440
项目		瓷砖		瓷板		陶板	
		65mm	113mm	20mm	30mm	20mm	30mm
指标（元）		529.48	615.96	496.95	496.95	496.95	496.95
其中	人工费（元）	195.18	195.18	162.65	162.65	162.65	162.65
	材料费（元）	288.25	374.73	288.25	288.25	288.25	288.25
	机械费（元）	46.05	46.05	46.05	46.05	46.05	46.05

100m^2 指标表 2.4.11-2

编号		T441	T442	T443	T444	T445	T446
项目		铸石板		花岗岩石板			
		20mm 厚	30mm 厚	60mm 厚	80mm 厚	100mm 厚	40mm 厚
指标（元）		496.95	496.95	496.95	496.95	554.60	554.60
其中	人工费（元）	162.65	162.65	162.65	162.65	162.65	162.65
	材料费（元）	288.25	288.25	288.25	288.25	345.90	345.90
	机械费（元）	46.05	46.05	46.05	46.05	46.05	46.05

2.4.12 IG-1 耐酸胶泥

100m^2 指标表 2.4.12-1

编号		T447	T448	T449	T450	T451	T452
项目		瓷砖		瓷板		陶板	
		65mm 厚	113mm 厚	20mm 厚	30mm 厚	20mm 厚	30mm 厚
指标（元）		529.48	615.96	496.95	496.95	496.95	496.95
其中	人工费（元）	195.18	195.18	162.65	162.65	162.65	162.65
	材料费（元）	288.25	374.73	288.25	288.25	288.25	288.25
	机械费（元）	46.05	46.05	46.05	46.05	46.05	46.05

100m^2 指标表 2.4.12-2

编号		T453	T454	T455	T456	T457	T458
项目		铸石板		花岗岩石板			
		20mm 厚	30mm 厚	60mm 厚	80mm 厚	100mm 厚	40mm 厚
指标（元）		496.95	496.95	496.95	496.95	554.60	554.60
其中	人工费（元）	162.65	162.65	162.65	162.65	162.65	162.65
	材料费（元）	288.25	288.25	288.25	288.25	345.90	345.90
	机械费（元）	46.05	46.05	46.05	46.05	46.05	46.05

2.4.13 KP-1胶泥

100m² 指标表 2.4.13-1

编　号		T459	T460	T461	T462	T463	T464
项　目		瓷　砖		瓷　板		陶　板	
		65mm厚	113mm厚	20mm厚	30mm厚	20mm厚	30mm厚
指标（元）		707.35	847.18	674.82	674.82	674.82	674.82
其中	人工费（元）	195.18	195.18	162.65	162.65	162.65	162.65
	材料费（元）	466.12	605.95	466.12	466.12	466.12	466.12
	机械费（元）	46.05	46.05	46.05	46.05	46.05	46.05

100m² 指标表 2.4.13-2

编　号		T465	T466	T467	T468	T469	T470
项　目		铸　石　板		花岗岩石板			
		20mm厚	30mm厚	60mm厚	80mm厚	100mm厚	40mm厚
指标（元）		674.82	674.82	674.82	674.82	768.04	768.04
其中	人工费（元）	162.65	162.65	162.65	162.65	162.65	162.65
	材料费（元）	466.12	466.12	466.12	466.12	559.34	559.34
	机械费（元）	46.05	46.05	46.05	46.05	46.05	46.05

2.5 立面块料砌筑面层

2.5.1 立面环氧胶泥砌块料

100m² 指标表 2.5.1-1

编　号		T471	T472	T473	T474	T475	T476
项　目		瓷　砖		瓷板（150×150/180×110）			
		65mm厚	113mm厚	20mm厚	30mm厚	20mm厚	30mm厚
指标（元）		48654.73	72897.11	33882.29	36753.22	34314.34	37331.95
其中	人工费（元）	4014.20	5224.32	4160.59	4160.59	4258.18	4329.74
	材料费（元）	44456.33	67488.59	29537.50	32408.43	29871.96	32818.01
	机械费（元）	184.20	184.20	184.20	184.20	184.20	184.20

100m² 指标表 2.5.1-2

编　　号		T477	T478	T479	T480	T481	T482
项　　目		陶　　板		铸石板（180×110/300×200）			
		20mm 厚	30mm 厚	20mm 厚	30mm 厚	20mm 厚	30mm 厚
指标（元）		28848.55	30368.37	39859.97	41716.08	38165.02	40039.75
其中	人工费（元）	4160.59	4186.61	4258.18	4329.74	3793.00	3793.00
	材料费（元）	24503.76	25997.56	35417.59	37202.14	34187.82	36062.55
	机械费（元）	184.20	184.20	184.20	184.20	184.20	184.20

2.5.2　立面环氧煤焦油胶泥砌块料

100m² 指标表 2.5.2-1

编　　号		T483	T484	T485	T486	T487	T488
项　　目		瓷　　砖		瓷板（150×150/180×110）			
		65mm 厚	113mm 厚	20mm 厚	30mm 厚	20mm 厚	30mm 厚
指标（元）		45121.88	67186.48	31434.30	34135.85	31834.09	34670.22
其中	人工费（元）	4014.20	5224.32	4160.59	4160.59	4258.18	4329.74
	材料费（元）	40923.48	61777.96	27089.51	29791.06	27391.71	30156.28
	机械费（元）	184.20	184.20	184.20	184.20	184.20	184.20

100m² 指标表 2.5.2-2

编　　号		T489	T490	T491	T492	T493	T494
项　　目		陶　　板		铸石板（180×110/300×200）			
		20mm 厚	30mm 厚	20mm 厚	30mm 厚	20mm 厚	30mm 厚
指标（元）		26394.05	27751.00	36298.89	37856.57	34495.06	36232.66
其中	人工费（元）	4154.08	4186.61	4258.18	4329.74	3793.00	3793.00
	材料费（元）	22055.77	23380.19	31856.51	33342.63	30517.86	32255.46
	机械费（元）	184.20	184.20	184.20	184.20	184.20	184.20

2.5.3 立面环氧酚醛胶泥砌块料

100m² 指标表 2.5.3-1

编　号		T495	T496	T497	T498	T499	T500
项　目		瓷　砖		瓷板（150×150/180×110）			
		65mm 厚	113mm 厚	20mm 厚	30mm 厚	20mm 厚	30mm 厚
指标（元）		45669.99	68072.47	31814.10	34541.93	32218.88	35083.18
其中	人工费（元）	4014.20	5224.32	4160.59	4160.59	4258.18	4329.74
	材料费（元）	41471.59	62663.95	27469.31	30197.14	27776.50	30569.24
	机械费（元）	184.20	184.20	184.20	184.20	184.20	184.20

100m² 指标表 2.5.3-2

编　号		T501	T502	T503	T504	T505	T506
项　目		陶　板		铸石板（180×110/300×200）			
		20mm 厚	30mm 厚	20mm 厚	30mm 厚	20mm 厚	30mm 厚
指标（元）		26773.95	28157.07	36851.38	38455.35	35064.44	36823.32
其中	人工费（元）	4154.08	4186.61	4258.18	4329.74	3793.00	3793.00
	材料费（元）	22435.67	23786.26	32409.00	33941.41	31087.24	32846.12
	机械费（元）	184.20	184.20	184.20	184.20	184.20	184.20

2.5.4 立面环氧呋喃胶泥砌块料

100m² 指标表 2.5.4-1

编　号		T507	T508	T509	T510	T511	T512
项　目		瓷　砖		瓷板（150×150/180×110）			
		65mm 厚	113mm 厚	20mm 厚	30mm 厚	20mm 厚	30mm 厚
指标（元）		48799.83	73131.66	33982.83	36860.72	34416.21	37441.27
其中	人工费（元）	4014.20	5224.32	4160.59	4160.59	4258.18	4329.74
	材料费（元）	44601.43	67723.14	29638.04	32515.93	29973.83	32927.33
	机械费（元）	184.20	184.20	184.20	184.20	184.20	184.20

100m² 指标表 2.5.4-2

编号		T513	T514	T515	T516	T517	T518
项目		陶板		铸石板（180×110/300×200）			
		20mm 厚	30mm 厚	20mm 厚	30mm 厚	20mm 厚	30mm 厚
指标（元）		28942.59	30475.87	40006.23	41874.60	38315.76	40196.11
其中	人工费（元）	4154.08	4186.61	4258.18	4329.74	3793.00	3793.00
	材料费（元）	24604.31	26105.06	35563.85	37360.66	34338.56	36218.91
	机械费（元）	184.20	184.20	184.20	184.20	184.20	184.20

2.5.5 立面酚醛胶泥砌块料

100m² 指标表 2.5.5-1

编号		T519	T520	T521	T522	T523	T524
项目		瓷砖		瓷板（150×150/180×110）			
		65mm 厚	113mm 厚	20mm 厚	30mm 厚	20mm 厚	30mm 厚
指标（元）		37940.11	55577.59	26457.89	28815.11	26792.09	29259.29
其中	人工费（元）	4014.20	5224.32	4160.59	4160.59	4258.18	4329.74
	材料费（元）	33741.71	50169.07	22113.10	24470.32	22349.71	24745.35
	机械费（元）	184.20	184.20	184.20	184.20	184.20	184.20

100m² 指标表 2.5.5-2

编号		T525	T526	T527	T528	T529	T530
项目		陶板		铸石板（180×110/300×200）			
		20mm 厚	30mm 厚	20mm 厚	30mm 厚	20mm 厚	30mm 厚
指标（元）		21417.64	22430.25	29059.73	30010.72	27034.54	28493.40
其中	人工费（元）	4154.08	4186.61	4258.18	4329.74	3793.00	3793.00
	材料费（元）	17079.36	18059.44	24617.35	25496.78	23057.34	24516.20
	机械费（元）	184.20	184.20	184.20	184.20	184.20	184.20

2.5.6 立面 YJ 呋喃胶泥砌块料

100m² 指标表 2.5.6-1

编号		T531	T532	T533	T534	T535	T536
项目		瓷砖		瓷板（150×150/180×110）			
		65mm 厚	113mm 厚	20mm 厚	30mm 厚	20mm 厚	30mm 厚
指标（元）		46024.34	68645.25	32059.63	34804.45	32467.66	35350.15
其中	人工费（元）	4014.20	5224.32	4160.59	4160.59	4258.18	4329.74
	材料费（元）	41825.94	63236.73	27714.84	30459.66	28025.28	30836.21
	机械费（元）	184.20	184.20	184.20	184.20	184.20	184.20

100m² 指标表 2.5.6-2

编号		T537	T538	T539	T540	T541	T542
项目		陶板		铸石板（180×110/300×200）			
		20mm 厚	30mm 厚	20mm 厚	30mm 厚	20mm 厚	30mm 厚
指标（元）		27019.39	28419.60	37208.56	38842.47	35432.54	37205.17
其中	人工费（元）	4154.08	4186.61	4258.18	4329.74	3793.00	3793.00
	材料费（元）	22681.11	24048.79	32766.18	34328.53	31455.34	33227.97
	机械费（元）	184.20	184.20	184.20	184.20	184.20	184.20

2.5.7 立面双酚 A 型不饱和聚酯胶泥砌块料

100m² 指标表 2.5.7-1

编号		T543	T544	T545	T546	T547	T548
项目		瓷砖		瓷板（150×150/180×110）			
		65mm 厚	113mm 厚	20mm 厚	30mm 厚	20mm 厚	30mm 厚
指标（元）		42870.79	63547.73	29874.47	32468.09	30253.69	32974.19
其中	人工费（元）	4014.20	5224.32	4160.59	4160.59	4258.18	4329.74
	材料费（元）	38672.39	58139.21	25529.68	28123.30	25811.31	28460.25
	机械费（元）	184.20	184.20	184.20	184.20	184.20	184.20

100m² 指标表 2.5.7-2

编号		T549	T550	T551	T552	T553	T554
项目		陶板		铸石板（180×110/300×200）			
		20mm厚	30mm厚	20mm厚	30mm厚	20mm厚	30mm厚
指标（元）		24834.22	26083.23	34029.80	35397.32	32156.59	33806.82
其中	人工费（元）	4154.08	4186.61	4258.18	4329.74	3793.00	3793.00
	材料费（元）	20495.94	21712.42	29587.42	30883.38	28179.39	29829.62
	机械费（元）	184.20	184.20	184.20	184.20	184.20	184.20

2.5.8 立面邻苯型不饱和聚酯胶泥砌块料

100m² 指标表 2.5.8-1

编号		T555	T556	T557	T558	T559	T560
项目		瓷砖		瓷板（150×150/180×110）			
		65mm厚	113mm厚	20mm厚	30mm厚	20mm厚	30mm厚
指标（元）		37963.40	55615.24	26474.03	28832.37	26528.92	29276.84
其中	人工费（元）	4014.20	5224.32	4160.59	4160.59	4258.18	4329.74
	材料费（元）	33765.00	50206.72	22129.24	24487.58	22086.54	24762.90
	机械费（元）	184.20	184.20	184.20	184.20	184.20	184.20

100m² 指标表 2.5.8-2

编号		T561	T562	T563	T564	T565	T566
项目		陶板		铸石板（180×110/300×200）			
		20mm厚	30mm厚	20mm厚	30mm厚	20mm厚	30mm厚
指标（元）		21433.78	22447.51	29083.21	30036.17	27058.74	28518.50
其中	人工费（元）	4154.08	4186.61	4258.18	4329.74	3793.00	3793.00
	材料费（元）	17095.50	18076.70	24640.83	25522.23	23081.54	24541.30
	机械费（元）	184.20	184.20	184.20	184.20	184.20	184.20

2.5.9 立面水玻璃胶泥砌块料

100m² 指标表 2.5.9-1

编号		T567	T568	T569	T570	T571	T572
项目		瓷砖		瓷板（150×150/180×110）			
		65mm 厚	113mm 厚	20mm 厚	30mm 厚	20mm 厚	30mm 厚
指标（元）		23714.67	37809.61	13627.57	16009.85	14214.46	16380.39
其中	人工费（元）	4014.20	5224.32	4157.33	4160.59	4258.18	4329.74
	材料费（元）	19516.27	32401.09	9286.04	11665.06	9772.08	11866.45
	机械费（元）	184.20	184.20	184.20	184.20	184.20	184.20

100m² 指标表 2.5.9-2

编号		T573	T574	T575	T576	T577	T578
项目		陶板		铸石板（180×110/300×200）			
		20mm 厚	30mm 厚	20mm 厚	30mm 厚	20mm 厚	30mm 厚
指标（元）		8893.58	9625.00	14399.83	14817.87	12784.53	14012.88
其中	人工费（元）	4154.08	4186.61	4258.18	4329.74	3793.00	3793.00
	材料费（元）	4555.30	5254.19	9957.45	10303.93	8807.33	10035.68
	机械费（元）	184.20	184.20	184.20	184.20	184.20	184.20

100m² 指标表 2.5.9-3

编号		T579	T580	T581	T582		
项目		花岗岩石板（500×400/400×300）					
		60mm 厚	80mm 厚	100mm 厚	40mm 厚		
指标（元）		23091.15	24754.47	26339.06	17649.11		
其中	人工费（元）	3822.28	3822.28	3799.50	3799.50		
	材料费（元）	19084.67	20747.99	22355.36	13665.41		
	机械费（元）	184.20	184.20	184.20	184.20		

2.5.10 立面水玻璃砂浆砌块料

100m² 指标表 2.5.10-1

编号		T583	T584	T585	T586	T587	T588
项目		瓷砖		瓷板（150×150/180×110）			
		65mm 厚	113mm 厚	20mm 厚	30mm 厚	20mm 厚	30mm 厚
指标（元）		22627.47	35478.89	13512.52	15531.17	13774.97	15830.26
其中	人工费（元）	4014.20	5224.32	4154.08	4154.08	4258.18	4258.18
	材料费（元）	18429.07	30070.37	9174.24	11192.89	9332.59	11387.88
	机械费（元）	184.20	184.20	184.20	184.20	184.20	184.20

100m² 指标表 2.5.10-2

编号		T589	T590	T591	T592	T593	T594
项目		陶板		铸石板（180×110/300×200）			
		20mm 厚	30mm 厚	20mm 厚	30mm 厚	20mm 厚	30mm 厚
指标（元）		8602.89	9292.40	13675.58	13991.65	11862.55	13092.00
其中	人工费（元）	4154.08	4154.08	4258.18	4258.18	3793.00	3793.00
	材料费（元）	4264.61	4954.12	9233.20	9549.27	7885.35	9114.80
	机械费（元）	184.20	184.20	184.20	184.20	184.20	184.20

100m² 指标表 2.5.10-3

编号		T595	T596	T597	T598		
项目		花岗岩石板（500×400/400×300）					
		60mm 厚	80mm 厚	100mm 厚	40mm 厚		
指标（元）		22537.34	24158.77	25803.72	17751.25		
其中	人工费（元）	3822.28	3822.28	3799.50	3799.50		
	材料费（元）	18530.86	20152.29	21820.02	13767.55		
	机械费（元）	184.20	184.20	184.20	184.20		

2.5.11 立面沥青胶泥砌块料

100m² 指标表 2.5.11

编号		T599	T600	T601	T602	T603	T604	T605	T606
项目		瓷砖		瓷板（150×150/180×110）				陶板	
		65mm	113mm	20mm	30mm	20mm	30mm	20mm 厚	30mm 厚
指标（元）		22178.39	35319.69	12745.74	14752.66	7835.32	8513.89	12927.90	13154.61
其中	人工费（元）	4043.48	5224.32	4150.83	4150.83	4150.83	4150.83	4258.18	4258.18
	材料费（元）	17950.71	29911.17	8410.71	10417.63	3500.29	4178.86	8485.52	8712.23
	机械费（元）	184.20	184.20	184.20	184.20	184.20	184.20	184.20	184.20

2.6 池、沟、槽块料砌筑面层

2.6.1 池、沟、槽环氧胶泥、环氧煤焦油胶泥砌块料

100m² 指标表 2.6.1-1

编号		T607	T608	T609	T610	T611	T612
项目		瓷砖			瓷板（150×150/180×110）		
		65mm 厚	113mm 厚	230mm 厚	20mm 厚	30mm 厚	20mm 厚
指标（元）		48654.73	72882.97	119070.20	33879.03	36753.22	34314.34
其中	人工费（元）	4014.20	5224.32	7026.48	4157.33	4160.59	4258.18
	材料费（元）	44456.33	67474.45	111859.52	29537.50	32408.43	29871.96
	机械费（元）	184.20	184.20	184.20	184.20	184.20	184.20

100m² 指标表 2.6.1-2

编号		T613	T614	T615	T616	T617	T618
项目		瓷板	铸石板		瓷砖		
		30mm 厚	20mm 厚	30mm 厚	65mm 厚	113mm 厚	230mm 厚
指标（元）		37331.95	39859.97	41716.07	45121.88	67172.34	110601.05
其中	人工费（元）	4329.74	4258.18	4329.74	4014.20	5224.32	7026.48
	材料费（元）	32818.01	35417.59	37202.13	40923.48	61763.82	103390.37
	机械费（元）	184.20	184.20	184.20	184.20	184.20	184.20

100m² 指标表 2.6.1-3

编号		T619	T620	T621	T622	T623	T624
项目		瓷板（150×150/180×110）				铸石板	
		20mm厚	30mm厚	20mm厚	30mm厚	20mm厚	30mm厚
指标（元）		31431.04	34135.85	31834.09	34670.22	36298.89	37856.57
其中	人工费（元）	4157.33	4160.59	4258.18	4329.74	4258.18	4329.74
	材料费（元）	27089.51	29791.06	27391.71	30156.28	31856.51	33342.63
	机械费（元）	184.20	184.20	184.20	184.20	184.20	184.20

2.6.2 池、沟、槽环氧酚醛胶泥、环氧呋喃胶泥砌块料

100m² 指标表 2.6.2-1

编号		T625	T626	T627	T628	T629	T630
项目		瓷砖			瓷板（150×150/180×110）		
		65mm厚	113mm厚	230mm厚	20mm厚	30mm厚	20mm厚
指标（元）		45669.98	68058.33	111915.00	31810.84	34541.93	32218.89
其中	人工费（元）	4014.20	5224.32	7026.48	4157.33	4160.59	4258.18
	材料费（元）	41471.58	62649.81	104704.32	27469.31	30197.14	27776.51
	机械费（元）	184.20	184.20	184.20	184.20	184.20	184.20

100m² 指标表 2.6.2-2

编号		T631	T632	T633	T634	T635	T636
项目		瓷板	铸石板		瓷砖		
		30mm厚	20mm厚	30mm厚	65mm厚	113mm厚	230mm厚
指标（元）		35083.18	36851.38	38455.36	48799.83	73117.52	119418.04
其中	人工费（元）	4329.74	4258.18	4329.74	4014.20	5224.32	7026.48
	材料费（元）	30569.24	32409.00	33941.42	44601.43	67709.00	112207.36
	机械费（元）	184.20	184.20	184.20	184.20	184.20	184.20

100m² 指标表 2.6.2-3

编号		T637	T638	T639	T640	T641	T642
项目		瓷板（150×150/180×110）				铸石板	
		20mm 厚	30mm 厚	20mm 厚	30mm 厚	20mm 厚	30mm 厚
指标（元）		33979.57	36860.72	34416.21	37441.27	40006.23	41874.60
其中	人工费（元）	4157.33	4160.59	4258.18	4329.74	4258.18	4329.74
	材料费（元）	29638.04	32515.93	29973.83	32927.33	35563.85	37360.66
	机械费（元）	184.20	184.20	184.20	184.20	184.20	184.20

2.6.3 池、沟、槽酚醛胶泥、YJ 呋喃胶泥砌块料

100m² 指标表 2.6.3-1

编号		T643	T644	T645	T646	T647	T648
项目		瓷砖			瓷板（150×150/180×110）		
		65mm 厚	113mm 厚	230mm 厚	20mm 厚	30mm 厚	20mm 厚
指标（元）		37940.11	55563.45	93384.47	26454.63	28815.09	26792.09
其中	人工费（元）	4014.20	5224.32	7026.48	4157.33	4160.59	4258.18
	材料费（元）	33741.71	50154.93	86173.79	22113.10	24470.30	22349.71
	机械费（元）	184.20	184.20	184.20	184.20	184.20	184.20

100m² 指标表 2.6.3-2

编号		T649	T650	T651	T652	T653	T654
项目		瓷板	铸石板		瓷砖		
		30mm 厚	20mm 厚	30mm 厚	65mm 厚	113mm 厚	230mm 厚
指标（元）		29259.29	29059.73	30010.72	46024.34	68631.11	112764.47
其中	人工费（元）	4329.74	4258.18	4329.74	4014.20	5224.32	7026.48
	材料费（元）	24745.35	24617.35	25496.78	41825.94	63222.59	105553.79
	机械费（元）	184.20	184.20	184.20	184.20	184.20	184.20

100m² 指标表 2.6.3-3

编号		T655	T656	T657	T658	T659	T660
项目		瓷板（150×150/180×110）				铸石板	
		20mm厚	30mm厚	20mm厚	30mm厚	20mm厚	30mm厚
指标（元）		32056.37	34804.45	32467.66	35350.15	41420.26	38842.47
其中	人工费（元）	4157.33	4160.59	4258.18	4329.74	4258.18	4329.74
	材料费（元）	27714.84	30459.66	28025.28	30836.21	36977.88	34328.53
	机械费（元）	184.20	184.20	184.20	184.20	184.20	184.20

2.6.4 池、沟、槽双酚A型不饱和聚酯胶泥、邻苯型不饱和聚酯胶泥砌块料

100m² 指标表 2.6.4-1

编号		T661	T662	T663	T664	T665	T666
项目		瓷砖			瓷板（150×150/180×110）		
		65mm厚	113mm厚	230mm厚	20mm厚	30mm厚	20mm厚
指标（元）		42870.79	63533.59	105204.59	29871.21	32468.09	30253.69
其中	人工费（元）	4014.20	5224.32	7026.48	4157.33	4160.59	4258.18
	材料费（元）	38672.39	58125.07	97993.91	25529.68	28123.30	25811.31
	机械费（元）	184.20	184.20	184.20	184.20	184.20	184.20

100m² 指标表 2.6.4-2

编号		T667	T668	T669	T670	T671	T672
项目		瓷板	铸石板		瓷砖		
		30mm厚	20mm厚	30mm厚	65mm厚	113mm厚	230mm厚
指标（元）		32974.19	34029.80	35397.32	37962.52	55601.10	93440.31
其中	人工费（元）	4329.74	4258.18	4329.74	4014.20	5224.32	7026.48
	材料费（元）	28460.25	29587.42	30883.38	33764.12	50192.58	86229.63
	机械费（元）	184.20	184.20	184.20	184.20	184.20	184.20

100m² 指标表 2.6.4-3

编号		T673	T674	T675	T676	T677	T678
项目		瓷板（150×150/180×110）				铸石板	
		20mm	30mm	20mm	30mm	20mm	30mm
指标（元）		26470.77	28832.37	28809.45	29276.84	29083.21	30036.17
其中	人工费（元）	4157.33	4160.59	4258.18	4329.74	4258.18	4329.74
	材料费（元）	22129.24	24487.58	24367.07	24762.90	24640.83	25522.23
	机械费（元）	184.20	184.20	184.20	184.20	184.20	184.20

2.6.5 池、沟、槽水玻璃胶泥砌块料

100m² 指标表 2.6.5-1

编号		T679	T680	T681	T682	T683	T684
项目		瓷砖			瓷板（150×150/180×110）		
		65mm 厚	113mm 厚	230mm 厚	20mm 厚	30mm 厚	20mm 厚
指标（元）		23714.67	37809.60	69026.98	13930.56	16009.85	14214.46
其中	人工费（元）	4014.20	5224.32	7026.48	4157.33	4160.59	4258.18
	材料费（元）	19516.27	32401.08	61816.30	9589.03	11665.06	9772.08
	机械费（元）	184.20	184.20	184.20	184.20	184.20	184.20

100m² 指标表 2.6.5-2

编号		T685	T686	T687	T688	T689	T690
项目		瓷板	铸石板（180×110/300×200）				花岗岩
		30mm 厚	20mm 厚	30mm 厚	20mm 厚	30mm 厚	60mm 厚
指标（元）		16380.39	14399.83	14095.71	13318.02	14546.36	23091.15
其中	人工费（元）	4329.74	4258.18	4329.74	4326.49	4326.49	3822.28
	材料费（元）	11866.45	9957.45	9581.77	8807.33	10035.67	19084.67
	机械费（元）	184.20	184.20	184.20	184.20	184.20	184.20

100m² 指标表 2.6.5-3

编号		T691	T692	T693			
项目		花岗岩石板					
		80mm 厚	100mm 厚	40mm 厚			
指标（元）		24754.47	26341.06	17649.11			
其中	人工费（元）	3822.28	3799.50	3799.50			
	材料费（元）	20747.99	22357.36	13665.41			
	机械费（元）	184.20	184.20	184.20			

2.6.6 池、沟、槽沥青胶泥砌块料

100m² 指标表 2.6.6

编号		T694	T695	T696	T697	T698	T699
项目		瓷砖		瓷板		铸石板	
		65mm	113mm	20mm	30mm	20mm	30mm
指标（元）		22178.49	35319.69	12745.74	14752.66	12927.90	13108.67
其中	人工费（元）	4043.48	5224.32	4150.83	4150.83	4258.18	4258.18
	材料费（元）	17950.81	29911.17	8410.71	10417.63	8485.52	8666.29
	机械费（元）	184.20	184.20	184.20	184.20	184.20	184.20

2.6.7 池、沟、槽水玻璃砂浆结合层砌块料

100m² 指标表 2.6.7-1

编号		T700	T701	T702	T703	T704	T705
项目		瓷砖		瓷板（150×150/180×110）			
		65mm 厚	113mm 厚	20mm 厚	30mm 厚	20mm 厚	30mm 厚
指标（元）		22856.38	36430.51	13370.14	15411.09	13653.24	15778.10
其中	人工费（元）	4014.20	5224.32	4150.83	4154.08	4258.18	4329.74
	材料费（元）	18657.98	31021.99	9035.11	11072.81	9210.86	11264.16
	机械费（元）	184.20	184.20	184.20	184.20	184.20	184.20

100m² 指标表 2.6.7-2

编号		T706	T707	T708	T709	T710	T711
项目		铸石板（180×110/300×200）				花岗岩石板	
		20mm厚	30mm厚	20mm厚	30mm厚	60mm厚	80mm厚
指标（元）		13882.03	14270.06	12396.04	13625.49	22567.59	24194.91
其中	人工费（元）	4258.18	4329.74	4326.49	4326.49	3793.00	3793.00
	材料费（元）	9439.65	9756.12	7885.35	9114.80	18590.39	20217.71
	机械费（元）	184.20	184.20	184.20	184.20	184.20	184.20

100m² 指标表 2.6.7-3

编号		T712	T713	T714	T715		
项目		花岗岩石板		酸化处理	板加工		
		100mm厚	40mm厚		100块		
指标（元）		25803.72	17159.98	327.20	221.00		
其中	人工费（元）	3799.50	3828.78	214.70	122.64		
	材料费（元）	21820.02	13147.00	112.50	3.37		
	机械费（元）	184.20	184.20		94.99		

3. 涂料面层技术经济指标表

3.1 说　　明

主要适用于：工业厂房、车间的金属结构面，混凝土面、水泥砂浆面及构筑物的涂料防腐。

1. 涂料面层，划分为水泥砂浆（混凝土）、金属面基层涂料面层。

2. 施工程序：

施工准备→基层清理、（金属面基层除锈）→涂料调配→刷涂（或喷涂）→达到设计要求的遍数（或涂层厚度）→检查符合设计或规范要求

3. 工作内容：同3.1.2“施工程序”。

4. 施工方法：手工涂刷或喷涂。

5. 计量单位经济指标见指标表。

6. 计量单位经济指标的计算，详见指标计算附表。

3.2 涂　料　面　层

3.2.1 聚　氨　酯　漆

金属结构面　　　　100kg 指标表 3.2.1-1

编　　号		T716	T717	T718	T719	T720	
项　　目		底　　漆		中　间　漆		面　　漆	
		一　遍	每增一遍	一　遍	每增一遍	一　遍	
指标（元）		15.50	15.50	14.15	13.21	16.36	
其中	人工费（元）	9.43	9.43	7.16	7.16	6.83	
	材料费（元）	6.07	6.07	6.99	6.05	9.53	
	机械费（元）						

混　凝　土　面　　100m² 指标表 3.2.1-2

编　号		T721	T722	T723	T724	T725	T726
项　目		清　漆	刮腻子	底　漆	中间漆		面　漆
		一　遍		一　遍	一　遍	每增一遍	一　遍
指标（元）		441.99	280.72	291.01	257.61	300.45	300.45
其中	人工费（元）	143.13	149.64	152.89	113.86	113.86	113.86
	材料费（元）	298.86	131.08	138.12	143.75	186.59	186.59
	机械费（元）						

灰　面　　100m² 指标表 3.2.1-3

编　号		T727	T728	T729	T730	T731	T732
项　目		清　漆	刮腻子	底　漆	中间漆		面　漆
		一　遍		一　遍	一　遍	每增一遍	一　遍
指标（元）		411.84	262.87	264.76	236.81	204.67	276.98
其中	人工费（元）	133.37	139.88	136.63	104.10	104.10	104.10
	材料费（元）	278.47	122.99	128.13	132.71	100.57	172.88
	机械费（元）						

3.2.2　氯磺化聚氨酯漆

金属结构面　　100kg 指标表 3.2.2-1

编　号		T733	T734	T735	T736		
项　目		底　漆	中间漆		面　漆		
		每　遍	一　遍	每增一遍	一　遍		
指标（元）		46.66	40.13	37.33	36.51		
其中	人工费（元）	20.82	17.24	17.24	16.27		
	材料费（元）	25.84	22.89	20.09	20.24		
	机械费（元）						

混　凝　土　面　　100m² 指标表 3.2.2-2

编　号		T737	T738	T739	T740		
项　目		底　漆	刮腻子	中间漆	面　漆		
		一　遍		一　遍	一　遍		
指标（元）		915.11	791.51	763.19	782.83		
其中	人工费（元）	338.31	276.51	276.51	247.23		
	材料费（元）	576.80	515.00	486.68	535.60		
	机械费（元）						

灰　面　　100m² 指标表 3.2.2-3

编　号		T741	T742	T743			
项　目		底　漆	中间漆	面　漆			
		一　遍	一　遍	一　遍			
指标（元）		879.33	741.63	756.80			
其中	人工费（元）	302.53	247.23	221.20			
	材料费（元）	576.80	494.40	535.60			
	机械费（元）						

3.2.3　漆酚树脂漆

金属结构面　　100kg 指标表 3.2.3-1

编　号		T744	T745	T746	T747	T748	T749
项　目		底　漆		中　间　漆		面　漆	
		一　遍	每增一遍	一　遍	每增一遍	一　遍	每增一遍
指标（元）		25.94	22.19	18.79	17.67	17.22	16.35
其中	人工费（元）	10.08	9.76	7.16	7.16	6.83	6.51
	材料费（元）	15.86	12.43	11.63	10.51	10.39	9.84
	机械费（元）						

混　凝　土　面　　100m² 指标表 3.2.3-2

编　号		T750	T751	T752	T753	T754	T755
项　目		底　漆		中　间　漆		面　漆	
		一　遍	每增一遍	一　遍	每增一遍	一　遍	每增一遍
指标（元）		468.51	272.28	374.03	349.62	347.55	330.96
其中	人工费（元）	149.64	149.64	107.35	107.35	104.10	100.84
	材料费（元）	318.87	122.64	266.68	242.27	243.45	230.12
	机械费（元）						

灰　面　　100m² 指标表 3.2.3-3

编　号		T756	T757	T758	T759	T760	T761
项　目		底　漆		中　间　漆		面　漆	
		一　遍	每增一遍	一　遍	每增一遍	一　遍	每增一遍
指标（元）		431.51	404.80	345.63	322.35	318.90	307.77
其中	人工费（元）	136.63	133.37	97.59	97.59	94.34	94.34
	材料费（元）	294.88	271.43	248.04	224.76	224.56	213.43
	机械费（元）						

3.2.4 酚醛树脂漆

金属结构面　　　　　100kg 指标表 3.2.4-1

编　　号		T762	T763	T764	T765	T766	T767
项　　目		底　　漆		中　间　漆		面　　漆	
		一　遍	每增一遍	一　遍	每增一遍	一　遍	每增一遍
指标（元）		25.75	18.86	16.31	14.67	17.42	16.01
其中	人工费（元）	10.41	10.08	7.48	7.16	7.16	6.83
	材料费（元）	15.34	8.78	8.83	7.51	10.26	9.18
	机械费（元）						

混　凝　土　面　　　　　$100m^2$ 指标表 3.2.4-2

编　　号		T768	T769	T770	T771	T772	T773
项　　目		底　　漆		中　间　漆		面　　漆	
		一　遍	每增一遍	一　遍	每增一遍	一　遍	每增一遍
指标（元）		407.99	348.47	311.96	310.43	344.38	317.93
其中	人工费（元）	156.14	152.89	113.86	113.86	107.35	104.10
	材料费（元）	251.85	195.58	198.10	196.57	237.03	213.83
	机械费（元）						

灰　　面　　　　　$100m^2$ 指标表 3.2.4-3

编　　号		T774	T775	T776	T777	T778	T779
项　　目		底　　漆		中　间　漆		面　　漆	
		一　遍	每增一遍	一　遍	每增一遍	一　遍	每增一遍
指标（元）		365.46	331.12	287.99	283.87	291.76	287.56
其中	人工费（元）	143.13	139.88	104.10	104.10	97.59	97.59
	材料费（元）	222.33	191.24	183.89	179.77	194.17	189.97
	机械费（元）						

3.2.5 冷固环氧树脂漆

金属结构面　　100kg 指标表 3.2.5-1

编号		T780	T781	T782	T783		
项目		底漆		面漆			
		一遍	每增一遍	一遍	每增一遍		
指标（元）		38.22	31.87	33.29	31.04		
其中	人工费（元）	9.11	8.78	6.18	5.53		
	材料费（元）	29.11	23.09	27.11	25.51		
	机械费（元）						

混凝土面　　$100m^2$ 指标表 3.2.5-2

编号		T784	T785	T786	T787		
项目		底漆		面漆			
		一遍	每增一遍	一遍	每增一遍		
指标（元）		755.02	652.82	727.85	682.14		
其中	人工费（元）	136.63	130.12	97.59	91.08		
	材料费（元）	618.39	522.70	630.26	591.06		
	机械费（元）						

灰面　　$100m^2$ 指标表 3.2.5-3

编号		T788	T789	T790	T791		
项目		底漆		面漆			
		一遍	每增一遍	一遍	每增一遍		
指标（元）		699.71	613.68	670.38	630.42		
其中	人工费（元）	123.61	117.11	87.83	84.58		
	材料费（元）	576.10	496.57	582.55	545.84		
	机械费（元）						

3.2.6 环氧呋喃树脂漆

金属结构面　　100kg 指标表 3.2.6-1

编号		T792	T793	T794	T795		
项目		底漆		面漆			
		一遍	每增一遍	一遍	每增一遍		
指标（元）		34.93	48.62	30.96	28.42		
其中	人工费（元）	9.11	8.78	6.18	5.53		
	材料费（元）	25.82	39.84	24.78	22.89		
	机械费（元）						

混凝土面　　100m² 指标表 3.2.6-2

编号		T796	T797	T798	T799		
项目		底漆		面漆			
		一遍	每增一遍	一遍	每增一遍		
指标（元）		744.96	596.73	627.10	585.37		
其中	人工费（元）	136.63	117.11	87.83	84.58		
	材料费（元）	608.33	479.62	539.27	500.79		
	机械费（元）						

灰面　　100m² 指标表 3.2.6-3

编号		T800	T801	T802	T803		
项目		底漆		面漆			
		一遍	每增一遍	一遍	每增一遍		
指标（元）		630.13	549.02	603.63	562.69		
其中	人工费（元）	123.61	107.35	87.83	84.58		
	材料费（元）	506.52	441.67	515.80	478.11		
	机械费（元）						

3.2.7 环氧酚醛树脂漆

金属结构面　　100kg 指标表 3.2.7-1

编　号		T804	T805	T806	T807		
项　目		底　漆		面　漆			
		一　遍	每增一遍	一　遍	每增一遍		
指标（元）		31.59	29.17	29.99	27.31		
其中	人工费（元）	9.11	8.78	6.18	5.53		
	材料费（元）	22.48	20.39	23.81	21.78		
	机械费（元）						

混　凝　土　面　　$100m^2$ 指标表 3.2.7-2

编　号		T808	T809	T810	T811		
项　目		底　漆		面　漆			
		一　遍	每增一遍	一　遍	每增一遍		
指标（元）		674.43	603.20	634.06	574.65		
其中	人工费（元）	136.63	130.12	97.59	84.58		
	材料费（元）	537.80	473.08	536.47	490.07		
	机械费（元）						

灰　面　　$100m^2$ 指标表 3.2.7-3

编　号		T812	T813	T814	T815		
项　目		底　漆		面　漆			
		一　遍	每增一遍	一　遍	每增一遍		
指标（元）		626.73	554.12	582.60	542.52		
其中	人工费（元）	123.61	117.11	87.83	84.58		
	材料费（元）	503.12	437.01	494.77	457.94		
	机械费（元）						

3.2.8 沥青漆 金属结构面、混凝土（灰）面

3.2.9 环氧煤焦油漆 金属结构面、

混凝土（灰）面　　100kg 指标表 3.2.9

编　号		T816	T817	T818	T819	T820	T821
项　目		金属结构面（100kg）		混凝土（灰）面（100m²）		混凝土（灰）面（100m²）	
		面漆两遍	每增一遍	面漆两遍	每增一遍	一　遍	每增一遍
指标（元）		53.17	20.21	464.06	228.62	921.60	814.79
其中	人工费（元）	41.31	17.24	331.81	165.90	627.83	562.77
	材料费（元）	11.86	2.97	132.25	62.72	293.77	252.02
	机械费（元）						

注：3.2.8 与 3.2.9 共用指标表 3.2.9。

3.2.10 苯　乙　烯　漆

混凝土（灰）面　　100m² 指标表 3.2.10

编　号		T822	T823	T824	T825		
项　目		屋面漆	墙面漆	地面漆	基层腻子		
		每　遍	每　遍	每　遍			
指标（元）		944.98	863.61	847.34	963.47		
其中	人工费（元）	338.31	276.51	260.24	357.83		
	材料费（元）	606.67	587.10	587.10	605.64		
	机械费（元）						

3.2.11 环氧煤沥青漆

混　凝　土　面　　100m² 指标表 3.2.11-1

编　号		T826	T827	T828	T829		
项　目		底　漆		面　漆			
		一　遍	每增一遍	一　遍	每增一遍		
指标（元）		822.33	772.53	736.75	707.79		
其中	人工费（元）	266.75	247.23	211.45	188.67		
	材料费（元）	555.58	525.30	525.30	519.12		
	机械费（元）						

灰　面　　100m² 指标表 3.2.11-2

编　号		T830	T831	T832	T833		
项　目		底　漆		面　漆			
		一　遍	每增一遍	一　遍	每增一遍		
指标（元）		687.04	669.41	680.53	666.94		
其中	人工费（元）	169.16	162.65	162.65	162.65		
	材料费（元）	517.88	506.76	517.88	504.29		
	机械费（元）						

3.2.12 FVC 防腐涂料

金属结构面　　100kg 指标表 3.2.12-1

编　号		T834	T835	T836	T837		
项　目		底　漆		面　漆			
		一　遍	每增一遍	一　遍	每增一遍		
指标（元）		40.76	39.37	37.76	36.79		
其中	人工费（元）	8.46	7.81	7.16	6.51		
	材料费（元）	32.30	31.56	30.60	30.28		
	机械费（元）						

混　凝　土　面　　100m² 指标表 3.2.12-2

编　号		T838	T839	T840	T841		
项　目		底　漆		面　漆			
		一　遍	每增一遍	一　遍	每增一遍		
指标（元）		869.99	831.55	780.34	748.06		
其中	人工费（元）	136.63	130.12	123.61	104.10		
	材料费（元）	733.36	701.43	656.73	643.96		
	机械费（元）						

灰　面　　100m² 指标表 3.2.12-3

编号		T842	T843	T844	T845		
项目		底漆		面漆			
		一遍	每增一遍	一遍	每增一遍		
指标（元）		770.94	764.50	729.14	709.74		
其中	人工费（元）	133.37	130.12	117.11	104.10		
	材料费（元）	637.57	634.38	612.03	605.64		
	机械费（元）						

3.2.13　FVC-H 防腐涂料

金属结构面　　100kg 指标表 3.2.13-1

编号		T846	T847	T848	T849		
项目		底漆		面漆			
		一遍	每增一遍	一遍	每增一遍		
指标（元）		46.19	44.90	42.64	42.32		
其中	人工费（元）	7.81	7.16	5.86	5.86		
	材料费（元）	38.38	37.74	36.78	36.46		
	机械费（元）						

混　凝　土　面　　100m² 指标表 3.2.13-2

编号		T850	T851	T852	T853		
项目		底漆		面漆			
		一遍	每增一遍	一遍	每增一遍		
指标（元）		734.03	701.77	646.20	622.89		
其中	人工费（元）	136.63	130.12	110.60	97.59		
	材料费（元）	597.40	571.65	535.60	525.30		
	机械费（元）						

灰　面　　　100m² 指标表 3.2.13-3

编　号		T854	T855	T856	T857		
项　目		底　漆		面　漆			
		一　遍	每增一遍	一　遍	每增一遍		
指标（元）		656.68	647.70	610.15	598.50		
其中	人工费（元）	136.63	130.12	110.60	104.10		
	材料费（元）	520.05	517.58	499.55	494.40		
	机械费（元）						

3.2.14　丙烯酸聚氨酯涂料

金属结构面　　　100kg 指标表 3.2.14-1

编　号		T858	T859	T860	T861		
项　目		底　漆		面　漆			
		一　遍	每增一遍	一　遍	每增一遍		
指标（元）		53.61	52.35	50.31	49.20		
其中	人工费（元）	9.11	8.78	8.13	7.48		
	材料费（元）	44.50	43.57	42.18	41.72		
	机械费（元）						

混　凝　土　面　　　100m² 指标表 3.2.14-2

编　号		T862	T863	T864	T865		
项　目		底　漆		面　漆			
		一　遍	每增一遍	一　遍	每增一遍		
指标（元）		1149.82	1096.96	1019.06	994.02		
其中	人工费（元）	130.12	123.61	110.60	104.10		
	材料费（元）	1019.70	973.35	908.46	889.92		
	机械费（元）						

灰　面　　100m² 指标表 3.2.14-3

编　号		T866	T867	T868	T869		
项　目		底　漆		面　漆			
		一　遍	每增一遍	一　遍	每增一遍		
指标（元）		1010.77	993.13	941.16	935.14		
其中	人工费（元）	130.12	117.11	97.59	100.84		
	材料费（元）	880.65	876.02	843.57	834.30		
	机械费（元）						

3.2.15 聚苯乙烯涂料

金属结构面　　100kg 指标表 3.2.15

编　号		T870	T871	T872			
项　目		底　漆	面　漆	清　漆			
		一　遍	一　遍	一　遍			
指标（元）		37.08	33.82	29.85			
其中	人工费（元）	12.36	12.04	10.41			
	材料费（元）	24.72	21.78	19.44			
	机械费（元）						

3.2.16 有机硅耐温涂料

金属结构面　　100kg 指标表 3.2.16

编　号		T873	T874	T875	T876		
项　目		底　漆		面　漆			
		一　遍	每增一遍	一　遍	每增一遍		
指标（元）		79.54	77.52	73.51	72.18		
其中	人工费（元）	13.66	13.01	11.06	10.41		
	材料费（元）	65.88	64.51	62.45	61.77		
	机械费（元）						

3.2.17 TO树脂涂料

金属结构面　　100kg 指标表 3.2.17-1

编　号		T877	T878	T879	T880		
项　目		底　漆		面　漆			
		一　遍	每增一遍	一　遍	每增一遍		
指标（元）		37.68	35.33	32.52	31.93		
其中	人工费（元）	9.11	8.78	8.46	8.46		
	材料费（元）	28.57	26.55	24.06	23.47		
	机械费（元）						

混　凝　土　面　　100m² 指标表 3.2.17-2

编　号		T881	T882	T883	T884		
项　目		底　漆		面　漆			
		一　遍	每增一遍	一　遍	每增一遍		
指标（元）		776.46	726.36	660.42	653.15		
其中	人工费（元）	143.13	136.63	130.12	123.61		
	材料费（元）	633.33	589.73	530.30	529.54		
	机械费（元）						

灰　　面　　100m² 指标表 3.2.17-3

编　号		T885	T886	T887	T888		
项　目		底　漆		面　漆			
		一　遍	每增一遍	一　遍	每增一遍		
指标（元）		683.02	632.37	579.77	567.55		
其中	人工费（元）	130.12	123.61	117.11	113.86		
	材料费（元）	552.90	508.76	462.66	453.69		
	机械费（元）						

3.2.18 氯化橡胶厚浆型防腐涂料

金属结构面　　100kg 指标表 3.2.18-1

编　　号		T889	T890	T891	T892	T893	T894
项　　目		底　　漆		底　　漆		底　　漆	
		一　遍	每增一遍	一　遍	每增一遍	一　遍	每增一遍
指标（元）		53.19	51.85	54.99	53.98	44.61	44.05
其中	人工费（元）	16.59	15.94	17.24	16.92	13.99	13.66
	材料费（元）	36.60	35.91	37.75	37.06	30.62	30.39
	机械费（元）						

表 3.2.18-2

编　　号		T895	T896				
项　　目		底　　漆					
		一　遍	每增一遍				
指标（元）		39.62	38.83				
其中	人工费（元）	12.69	12.36				
	材料费（元）	26.93	26.47				
	机械费（元）						

3.2.19 彩色环氧地坪涂料

混　凝　土　面　　$100m^2$ 指标表 3.2.19-1

编　　号		T897	T898	T899	T900	T901	T902
项　　目		底　　漆		中　间　漆		面　　漆	
		一　遍	每增一遍	一　遍	每增一遍	一　遍	每增一遍
指标（元）		449.96	408.91	692.50	667.44	499.29	452.61
其中	人工费（元）	136.63	97.59	130.12	117.11	97.59	97.08
	材料费（元）	313.33	311.32	562.38	550.33	401.70	361.53
	机械费（元）						

灰　面　　100m² 指标表 3.2.19-2

编　号		T903	T904	T905	T906	T907	T908
项　目		底　漆		中　间　漆		面　漆	
		一　遍	每增一遍	一　遍	每增一遍	一　遍	每增一遍
指标（元）		415.33	404.80	619.24	604.69	505.80	452.61
其中	人工费（元）	130.12	123.61	117.11	110.60	104.10	91.08
	材料费（元）	285.21	281.19	502.13	494.09	401.70	361.53
	机械费（元）						

3.2.20　环氧富锌、云铁、环氧磁漆涂料

金属结构面　　100kg 指标表 3.2.20

编　号		T909	T910	T911	T912	T913	T914
项　目		环氧富锌底漆		云铁中间漆		环氧磁漆	
		一　遍	每增一遍	一　遍	每增一遍	一　遍	每增一遍
指标（元）		53.58	51.61	35.14	34.46	36.80	36.01
其中	人工费（元）	11.06	10.41	9.76	9.76	9.11	9.11
	材料费（元）	42.52	41.20	25.38	24.70	27.69	26.90
	机械费（元）						

3.2.21　环氧玻璃鳞片涂料

金属结构面　水泥砂浆面　100m² 指标表 3.2.21

编　号		T915	T916	T917	T918		
项　目		金属结构（100kg）		水泥砂浆面			
		一　遍	每增一遍	一　遍	每增一遍		
指标（元）		96.18	93.50	1972.02	1909.52		
其中	人工费（元）	11.06	10.41	247.23	234.22		
	材料费（元）	85.12	83.09	1724.79	1675.30		
	机械费（元）						

3.2.22 环氧自流平涂料

$100m^2$ 指标表 3.2.22

编号		T919	T920	T921	T922	T923	
项目		基层处理	底漆		中间漆	面漆	
			一遍	每增一遍	$\delta = 1.00$mm	$\delta = 1.00$mm	
指标（元）		57.48	940.22	850.92	1760.55	3267.00	
其中	人工费（元）	27.33	455.42	390.36	487.95	540.00	
	材料费（元）	—	484.80	460.56	1272.60	2727.00	
	机械费（元）	30.15					

3.2.23 高耐候外防腐涂料、高氯化聚乙烯涂料

金属结构面　　100kg 指标表 3.2.23

编号		T924	T925	T926	T927	T928	T929
项目		高耐候外防腐涂料			高氯化聚乙烯涂料		
		两底	一中间漆	两面	两底	两中间漆	两面
指标（元）		95.18	48.37	92.57	87.53	84.65	83.53
其中	人工费（元）	22.77	12.36	22.12	36.43	34.48	32.53
	材料费（元）	72.41	36.01	70.45	51.10	50.17	51.00
	机械费（元）						

3.2.24 H831 环氧地板漆

混凝土面、水泥砂浆面　　$100m^2$ 指标表 3.2.24

编号		T930	T931	T932	T933	T934	
项目		1mm 厚	0.1mm 厚	金钢砂结合层	1mm 厚	0.1mm 厚	
指标（元）		4975.18	478.00	1262.93	4619.59	455.45	
其中	人工费（元）	975.90	78.07	97.59	845.78	78.07	
	材料费（元）	3975.70	397.57	1141.76	3750.23	375.02	
	机械费（元）	23.58	2.36	23.58	23.58	2.36	

4. 防火涂料面层技术经济指标表

4.1 说　　明

主要适用于金属结构面基层（非金属面基层）的防火涂料面层。

1. 防火涂层：划分为金属面基层、非金属面基层的防火涂料面层。

2. 施工程序：

施工准备→ 基层清理、（金属面基层除锈）→调配防火涂料 →刷（喷）涂或刮涂防火涂料→达到设计要求厚度 → 检查→合格

如果采用水溶性防火涂料时，刷（喷）涂完成后，应及时刷涂防水剂，以防雨水淋湿防火涂料表面，破坏涂层。

3. 工作内容：同 4.1.2“施工程序”。

4. 施工方法：手工刷（刮）涂或喷涂。

5. 防火涂层必须符合规范要求的不同级别的耐火极限所需的涂层厚度，其厚度应均匀一致。

6. 计量单位经济指标见指标表。

7. 经济指标计算见指标计算附表。

4.2　防火涂料面层

4.2.1　溶剂型防火涂料

一般钢结构面　　　　100kg 指标表 4.2.1

编　号		T935	T936	T937	T938	T939	
项　目		耐火极限（h 以内）/厚度（mm）					
		1.00/5.00	1.50/7.00	2.00/11.00	2.50/16.00	3.00/22.00	
指标（元）		678.42	944.72	1552.39	2198.21	3145.04	
其中	人工费（元）	13.99	21.14	28.30	41.31	49.77	
	材料费（元）	640.85	887.91	1469.86	2086.16	2991.52	
	机械费（元）	23.58	35.37	54.23	70.74	103.75	

4.2.2 管廊钢结构面

100kg 指标表 4.2.2

编 号		T940	T941	T942	T943	T944
项 目		耐火极限（h 以内）/厚度（mm）				
		1.00/5.00	1.50/7.00	2.00/11.00	2.50/16.00	3.00/22.00
指标（元）		543.85	757.43	1240.52	1758.14	2473.47
其中	人工费（元）	11.06	16.92	22.12	32.53	39.04
	材料费（元）	513.93	712.21	1178.31	1671.38	2356.62
	机械费（元）	18.86	28.30	40.09	54.23	77.81

4.2.3 H 型钢结构面

100kg 指标表 4.2.3

编 号		T945	T946	T947	T948	T949
项 目		耐火极限（h 以内）/厚度（mm）				
		1.00/5.00	1.50/7.00	2.00/11.00	2.50/16.00	3.00/22.00
指标（元）		355.36	496.39	816.76	1156.30	1655.15
其中	人工费（元）	7.48	10.73	14.64	21.47	26.02
	材料费（元）	338.45	469.15	776.18	1101.82	1579.61
	机械费（元）	9.43	16.51	25.94	33.01	49.52

4.2.4 水溶性防火涂料、防水剂防火圈、防火堵料、防火包安装

指标表 4.2.4

编 号		T950	T951	T952	T953	T954	T955
项 目		防火圈	防火堵料	防火包	防火涂料耐火极限（h 以内/厚度 mm）		防水剂
		（100 个）	（m^3）	（m^3）	（$100m^2$）	（$100m^2$）	（$100m^2$）
					NH 型 1.5/7.00	WB 型 1.00/5.00	
指标（元）		8790.83	5930.47	4558.07	1534.27	567.90	736.81
其中	人工费（元）	468.43	1197.10	396.87	1252.41	377.35	611.56
	材料费（元）	8322.40	4733.37	4161.20	281.86	190.55	125.25
	机械费（元）						

5. 隔离层及其他技术经济指标表

5.1.1 JCTA-600 建筑腻子、乳胶漆

100m² 指标表 5.1.1

编号		T956	T957	T958	T959		
项目		JCTA-600 腻子		乳 胶 漆			
		混凝土面	砂浆面	两 遍	三 遍		
指标（元）		2299.52	1892.81	667.97	869.18		
其中	人工费（元）	252.76	252.76	364.34	396.87		
	材料费（元）	2046.76	1640.05	303.63	472.31		
	机械费（元）						

5.1.2 隔离层（一）

100m² 指标表 5.1.2

编号		T960	T961	T962	T963	T964	T965
项目		耐酸沥青卷材		沥青胶泥衬布		一道冷子	沥青胶泥
		两毡三油	一毡一油	一布两油	一布一油	二道热沥青	8mm 厚
指标（元）		2085.27	642.80	1594.43	738.56	921.57	2280.68
其中	人工费（元）	361.08	126.87	234.22	117.11	136.63	813.25
	材料费（元）	1664.32	497.51	1360.21	621.45	784.94	1384.54
	机械费（元）	59.87	18.42				82.89

5.1.3 隔离层（二）

100m² 指标表 5.1.3

编号		T966	T967	T968	T969	T970	
项目		刮涂环氧煤焦油稀胶泥		环氧煤焦油	刮涂砂浆	罐基础沥青砂浆垫层（m³）	
		3mm 厚	2mm 厚	底料	20mm 厚	（100mm 厚）	
指标(元)		8826.95	6286.06	749.67	5887.12	1401.41	
其中	人工费(元)	1138.55	1138.55	81.33	3109.87	55.95	
	材料费(元)	7674.58	5138.30	668.34	2754.22	1345.15	
	机械费(元)	13.82	9.21		23.03	0.31	

6. 整体面层指标计算附表

6.1 平面砂浆、混凝土、胶泥面层

表 6.1-1

	编 号			T1	T2	T3	T4	T5	T6
人工	名 称	单位	单 价	数 量					
	综合工日	工日	32.53	28.80	10.80	39.60	6.00	35.00	8.00
材料	水玻璃混凝土	m^3	1454.14	—	—	6.12	1.01	—	—
	水玻璃稀胶泥	m^3	3439.60	0.11	—	0.21	—	—	—
	水玻璃耐酸砂浆	m^3	1950.48	2.10	1.01	—	—	—	—
	水玻璃胶泥	m^3	2854.00	—	—	—	—	1.02	0.20
	其他材料费占材料费	元	%	1.00	—	1.00	—	—	—
小计				4519.11	196.98	9717.87	1468.68	2911.08	570.80
机械	搅拌机 200L	台班	46.05	1.40	0.70	1.20	0.20	0.20	0.04

表 6.1-2

	编 号			T7	T8	T9	T10	T11	T12
人工	名 称	单位	单 价	数 量					
	综合工日	工日	32.53	18.80	3.00	23.30	3.70	28.00	42.00
材料	耐酸沥青砂浆	m^3	886.08	3.03	0.51	—	—	—	—
	耐酸沥青混凝土	m^3	492.08	—	—	6.06	1.01	—	—
	沥青稀胶泥	m^3	1538.64	0.20	—	0.20	—	—	—
	木柴	m^3	0.25	1800.00	236.00	2638.00	378.00	7210.00	—
	石油沥青 30＃	kg	1.35	—	—	—	—	3608.00	—
	碎石	m^3	56.40	—	—	—	—	10.80	—
	环氧砂浆	m^3	14837.93	—	—	—	—	—	0.51
	树脂底料	m^3	45493.50	—	—	—	—	—	0.03
	其他材料费占材料费	元	%	1.00	—	1.00	—	1.00	1.00
小计				3476.98	510.90	3988.73	591.50	7355.24	9021.47
机械	搅拌机 200L	台班	46.05	1.40	0.20	1.20	0.20	—	0.10

表 6.1-3

编号				T13	T14	T15	T16	T17	T18
人工	名称	单位	单价	数量					
	综合工日	工日	32.53	6.00	33.00	41.00	6.00	42.00	6.00
材料	环氧砂浆	m^3	14837.93	0.10	—	—	—	—	—
	环氧稀胶泥	m^3	22902.94	—	0.21	—	—	—	—
	环氧煤焦油砂浆	m^3	5932.50	—	—	0.51	0.10	—	—
	环氧呋喃砂浆	m^3	8717.71	—	—	—	—	0.51	0.10
	树脂底料	m^3	45493.50	—	0.01	0.03	—	0.03	—
	其他材料费占材料费	元	%	—	1.00	1.00	—	1.00	—
小计				1483.79	5317.20	4434.28	593.25	5868.95	871.77
机械	搅拌机 200L	台班	46.05	0.002	0.004	0.01	0.002	0.01	0.002

表 6.1-4

编号				T19	T20	T21	T22	T23	T24
人工	名称	单位	单价	数量					
	综合工日	工日	32.53	41.00	6.00	41.00	6.00	23.40	23.40
材料	邻苯型砂浆	m^3	5046.23	0.51	0.10	—	—	—	—
	双酚 A 型砂浆	m^3	7757.51	—	—	0.51	0.10	—	—
	邻苯型稀胶泥	m^3	10094.62	—	—	—	—	0.21	—
	双酚 A 型树脂稀胶泥	m^3	15969.06	—	—	—	—	—	0.21
	树脂底料	m^3	45493.50	0.01	—	0.01	—	—	—
	其他材料费占材料费	元	%	1.00	—	1.00	—	1.00	1.00
小计				3058.80	504.62	4455.38	775.75	2141.07	3387.04
机械	搅拌机 200L	台班	46.05	0.01	0.002	0.01	0.002	0.004	0.004

表 6.1-5

编号				T25	T26	T27	T28	T29	T30
人工	名称	单位	单价	数量					
	综合工日	工日	32.53	45.00	6.80	45.00	6.80	45.00	6.80
材料	ST-4 环氧煤焦油混凝土	m^3	16000.00	6.12	1.02	—	—	—	—
	密实性水玻璃混凝土	m^3	8800.00	—	—	6.12	1.02	—	—
	低收缩聚酯混凝土	m^3	20000.00	—	—	—	—	6.12	1.02
	其他材料费占材料费	元	%	1.00	1.00	1.00	1.00	1.00	1.00
小计				98899.20	16483.20	54394.56	9065.76	123624.00	20604.00
机械	搅拌机 200L	台班	46.05	0.37	0.06	0.37	0.06	0.37	0.06

平面 NBS 丙烯酸脂乳液水泥砂浆

表 6.1-6

编号				T31	T32	T33	T34		
人工	名称	单位	单价	数量					
	综合工日	工日	32.53	40.00	15.00	30.00	10.00		
材料	NBS 丙烯酸酯乳液	kg	17.00	180.00	90.00	—	—		
	复合型氯丁胶乳液	kg	11.00	—	—	300.00	150.00		
	32.5R 普通硅酸盐水泥	kg	0.35	700.00	350.00	500.00	250.00		
	石英砂	kg	0.20	—	—	1000.00	500.00		
	黄砂	kg	0.05	1400.00	700.00	—	—		
	其他材料费占材料费	元	%	3.00	3.00	3.00	3.00		
小计				3476.25	1738.13	3785.25	1892.62		
机械	搅拌机 200L	台班	46.05	1.00	0.50	1.00	0.50		

6.2 立面砂浆、混凝土、胶泥面层

表 6.2-1

	编号			T35	T36	T37	T38	T39	T40
人工	名称	单位	单价	数量					
	综合工日	工日	32.53	31.40	11.90	38.50	8.80	13.80	3.30
材料	耐酸砂浆	m^3	1950.48	2.10	1.00	—	—	—	—
	水玻璃胶泥	m^3	2854.00	—	—	1.10	0.20	—	—
	沥青砂浆	m^3	866.08	—	—	—	—	2.10	0.50
	水玻璃稀胶泥	m^3	3439.60	0.10	—	0.10	—	—	—
	沥青稀胶泥	m^3	1538.64	—	—	—	—	0.10	—
	其他材料费占材料费	元	%	1.00	—	1.00	—	1.00	—
小计				4484.37	1950.48	3518.19	570.80	1992.36	433.04
机械	搅拌机 200L	台班	46.05	1.50	0.70	0.20	0.04	1.00	0.70

表 6.2-2

	编号			T41	T42	T43			
人工	名称	单位	单价	数量					
	综合工日	工日	32.53	46.20	6.60	36.00			
材料	环氧树脂砂浆	m^3	14837.93	0.51	0.10	—			
	环氧稀胶泥	m^3	22092.94	—	—	0.21			
	树脂底料	m^3	45493.50	0.03	—	0.01			
	其他材料费占材料费	元	%	1.00	—	1.00			
小计				9021.47	1483.79	5145.40			
机械	搅拌机 200L	台班	46.05	0.10	0.02	0.04			

表 6.2-3

编号				T44	T45	T46	T47	T48	T49
人工	名称	单位	单价	数量					
	综合工日	工日	32.53	45.10	6.60	46.20	6.60	47.20	6.80
材料	环氧树脂煤焦油砂浆	m^3	5932.60	0.51	0.10	—	—	—	—
	呋喃树脂砂浆	m^3	14837.93	—	—	0.51	0.10	—	—
	树脂底料	m^3	4549.50	0.03	—	0.03	—	—	—
	FVC 砂浆	kg	31.00	—	—	—	—	468.00	93.00
	其他材料费占材料费	元	%	1.00	1.00	1.00	1.00	1.00	1.00
小计				3193.73	599.19	7780.87	1498.63	14653.08	2911.83
机械	搅拌机 200L	台班	46.05	0.10	0.02	0.10	0.02	0.10	0.02

表 6.2-4

编号				T50	T51	T52	T53	T54	T55
人工	名称	单位	单价	数量					
	综合工日	工日	32.53	45.10	6.60	45.10	6.60	26.00	26.00
材料	邻苯型不饱合聚酯树脂砂浆	m^3	5046.23	0.51	0.10	—	—	—	—
	双酚 A 型不饱合聚酯树脂砂浆	m^3	7757.51	—	—	0.51	0.10	—	—
	邻苯型稀胶泥	m^3	10094.62	—	—	—	—	0.20	—
	双酚 A 型稀胶泥	m^3	15969.06	—	—	—	—	—	0.20
	树脂底料	m^3	45493.50	0.03	—	0.03	—	0.01	0.01
	其他材料费占材料费	元	%	1.00	—	1.00	—	1.00	1.00
小计				3977.77	504.62	5374.35	775.75	2498.60	3685.23
机械	搅拌机 200L	台班	46.05	0.10	0.02	0.10	0.02	0.04	0.04

6.3 平面水泥砂浆基层玻璃钢面层

表 6.3-1

	编号			T56	T57	T58	T59	T60	T61
人工	名称	单位	单价			数量			
	综合工日	工日	32.53	5.30	3.20	44.00	3.30	44.00	3.30
材料	环氧树脂	kg	29.00	12.00	3.80	17.90	11.90	12.50	8.30
	酚醛树脂	kg	16.50	—	—	—	—	5.10	3.60
	邻苯二甲酸二丁酯	kg	7.80	1.20	0.40	1.80	1.20	1.30	1.20
	丙酮	kg	8.00	9.70	3.30	5.20	4.30	4.30	3.70
	T31	kg	16.00	1.80	0.57	2.69	1.78	1.88	1.25
	石英粉	kg	0.50	2.40	7.10	3.50	1.80	2.70	1.20
	玻璃丝布 2mm	m^2	1.67	—	—	115.00	—	115.00	—
	乙醇	kg	5.50	—	—	20.00	—	20.00	—
	砂布	张	0.65	—	40.00	20.00	—	—	—
	苯磺酰氯	kg	7.50	—	—	—	—	—	—
	其他材料费占材料费	元	%	2.00	2.00	2.00	2.00	2.00	—
小计				474.26	181.96	953.27	426.60	841.16	359.66
机械	搅拌机 200L	台班	46.05		0.10				

表 6.3-2

	编号			T62	T63				
人工	名称	单位	单价			数量			
	综合工日	工日	32.53	44.00	3.30				
材料	环氧树脂	kg	29.00	—	—				
	酚醛树脂	kg	16.50	17.90	11.90				
	邻苯二甲酸二丁酯	kg	7.80	—	—				
	丙酮	kg	8.00	—	—				
	T31	kg	16.00	—	—				
	石英粉	kg	0.50	2.70	1.20				
	玻璃丝布 2mm	m^2	1.67	115.00	—				
	乙醇	kg	5.50	4.30	3.50				
	苯磺酰氯	kg	7.50	1.60	1.10				
	其他材料费占材料费	元	%	2.00	2.00				
小计				534.89	228.94				
机械									

表 6.3-3

编号				T64	T65	T66	T67		
人工	名称	单位	单价	数量					
	综合工日	工日	32.53	44.00	3.30	44.00	3.30		
材料	环氧树脂	kg	29.00	8.90	6.00	12.60	8.40		
	呋喃树脂	kg	16.50	—	—	5.40	3.60		
	煤焦油	kg	1.13	8.90	6.00	—	—		
	邻苯二甲酸二丁酯	kg	7.80	—	—	1.30	0.90		
	丙酮	kg	8.00	—	—	5.20	4.30		
	T31	kg	16.00	1.34	0.90	1.89	1.26		
	甲苯	kg	3.20	2.70	1.20	—	—		
	石英粉	kg	0.50	1.80	0.60	2.70	1.20		
	玻璃丝布 2mm	m^2	1.67	115.00	—	115.00	—		
	其他材料费占材料费	元	%	2.00	2.00	2.00	2.00		
小计				501.01	203.31	744.48	372.48		
机械									

表 6.3-4

编号				T68	T69	T70	T71	T72	T73
人工	名称	单位	单价	数量					
	综合工日	工日	32.53	54.30	3.60	54.30	3.60	54.30	3.60
材料	邻苯型不饱合聚酯树脂	kg	13.59	18.00	12.00	—	—	—	—
	双酚 A 型不饱合聚酯树脂	kg	22.28	—	—	18.00	12.00	—	—
	50%过氧化乙酮糊液	kg	15.73	0.70	5.00	0.70	0.50	—	—
	环烷酸钴苯乙烯溶液	kg	14.48	0.40	0.20	0.40	0.20	—	—
	玻璃布 2mm	m^2	1.67	115.00	—	115.00	—	115.00	—
	砂布	张	0.65	20.00	—	20.00	—	20.00	—
	YJ 呋喃液	kg	18.00	—	—	—	—	25.00	15.00
	YJ-1 呋喃粉	kg	5.00	—	—	—	—	13.00	7.00
	石英粉	kg	0.50	2.60	1.20	2.60	1.20	—	—
	其他材料费占材料费	元	%	2.00	—	2.00	—	2.00	—
小计				477.13	245.23	636.68	278.72	734.45	305.00
机械									

表 6.3-5

编号				T74	T75	T76	T77	T78	T79
人工	名称	单位	单价	数量					
	综合工日	工日	32.53	4.70	4.60	4.20	44.40	2.50	2.40
材料	FVC 防腐涂料（底）	kg	30.50	16.05	16.00	—	—	—	—
	FVC 腻子	kg	15.00	—	—	250.00	—	—	—
	FVC 防腐涂料（面）	kg	30.50	—	—	16.00	30.00	16.40	16.00
	砂布	张	0.65	—	—	—	—	—	—
	玻璃布	m^2	1.67	—	—	—	115.00	—	—
	其他材料费占材料费	元	%	3.00	3.00	3.00	3.00	3.00	3.00
小计				504.21	502.64	4365.14	1140.26	515.21	502.64
机械	搅拌机 200L	台班	46.05			0.10			

6.4 立面水泥砂浆基层玻璃钢面层

表 6.4-1

编号				T80	T81	T82	T83	T84	T85
人工	名称	单位	单价	数量					
	综合工日	工日	32.53	6.10	3.60	46.00	3.60	46.00	3.60
材料	环氧树脂	kg	29.00	12.50	3.60	18.00	12.00	—	—
	酚醛树脂	kg	16.50	—	—	—	—	18.00	12.00
	邻苯二甲酸二丁酯	kg	7.80	1.30	0.40	1.90	1.30	—	—
	丙酮	kg	8.00	9.70	0.72	4.60	4.30	—	—
	T31	kg	16.00	1.88	0.54	2.70	1.80	—	—
	石英粉	kg	0.50	2.50	7.40	3.70	1.90	2.80	1.30
	玻璃布	m^2	1.67	—	—	115.00	—	115.00	—
	乙醇	kg	5.50	—	—	—	—	4.50	3.70
	苯磺酰氯	kg	7.50	—	—	—	—	1.70	1.10
	其他材料费占材料费	元	%	2.00	1.00	2.00	2.00	2.00	2.00
小计				491.20	126.88	826.93	430.74	538.51	231.80
机械	搅拌机 200L	台班	46.05		0.10				

表 6.4-2

编号				T86	T87	T88	T89	T90	T91
人工	名称	单位	单价	数量					
	综合工日	工日	32.53	46.00	3.60	46.00	3.60	46.00	3.60
材料	环氧树脂	kg	29.00	12.50	8.40	9.10	6.00	12.80	8.00
	酚醛树脂	kg	16.50	5.60	3.80	—	—	—	—
	呋喃树脂	kg	18.00	—	—	—	—	5.50	3.70
	煤焦油	kg	1.13	—	—	9.30	6.20	—	—
	邻苯二甲酸二丁酯	kg	7.80	1.40	1.30	—	—	1.40	1.00
	丙酮	kg	8.00	5.20	3.00	—	—	5.20	3.00
	甲苯	kg	3.20	—	—	5.40	1.20	—	—
	T31	kg	16.00	1.88	1.26	1.37	0.90	1.92	1.20
	石英粉	kg	0.50	2.80	1.30	1.90	0.60	2.80	1.30
	玻璃布	m^2	1.67	115.00	—	115.00	—	115.00	—
	其他材料费占材料费	元	%	2.00	—	2.00	—	2.00	—
小计				745.57	361.25	516.74	199.55	761.83	350.25
机械									

表 6.4-3

编号				T92	T93	T94	T95	T96	T97
人工	名称	单位	单价	数量					
	综合工日	工日	32.53	56.00	4.00	56.00	4.00	56.00	4.00
材料	邻苯型不饱合聚酯树脂	kg	13.59	18.20	12.20	—	—	—	—
	双酚 A 型不饱合聚酯树脂	kg	22.28	—	—	18.20	12.20	—	—
	YJ 呋喃液	kg	18.00	—	—	—	—	26.00	15.60
	石英粉	kg	0.50	2.70	1.30	2.70	1.50	—	—
	YJ-1 呋喃粉	kg	5.00	—	—	—	—	5.00	2.34
	50%过氧化乙酮糊液	kg	15.73	0.70	0.50	0.70	0.50	—	—
	环烷酸钴苯乙烯溶液	kg	14.48	0.40	0.20	0.40	0.20	—	—
	玻璃布	m^2	1.67	115.00	—	115.00	—	115.00	—
	其他材料费占材料费	元	%	2.00	—	2.00	—	2.00	—
小计				466.69	177.21	628.01	283.33	698.75	292.50
机械									

表 6.4-4

	编号			T98	T99	T100	T101	T102	T103
人工	名称	单位	单价	数量					
	综合工日	工日	32.53	4.90	4.80	4.30	46.00	2.50	2.50
材料	FVC 防腐涂料（底）	kg	30.50	18.00	17.60	—	—	—	—
	FVC 腻子	kg	15.00	—	—	260.00	—	—	—
	玻璃布	m^2	1.67	—	—	—	115.00	—	—
	FVC 防腐涂料（面）	kg	30.50	—	—	—	30.00	17.00	16.00
	其他材料费占材料费	元	%	3.00	3.00	3.00	3.00	3.00	3.00
小计				565.47	552.90	4017.00	1140.26	534.06	502.64
机械	搅拌机 200L	台班	46.05		0.10				

6.5 金属面基层玻璃钢面层

表 6.5-1

	编号			T104	T105	T106	T107	T108	T109
人工	名称	单位	单价	数量					
	综合工日	工日	32.53	5.40	1.80	54.30	3.60	54.30	3.60
材料	环氧树脂	kg	29.00	11.70	2.30	17.60	11.70	12.30	8.20
	酚醛树脂	kg	16.50	—	—	—	—	5.30	3.50
	T31	kg	16.00	1.76	0.35	2.64	1.76	1.85	1.23
	丙酮	kg	8.00	5.30	3.00	7.00	5.30	7.90	5.30
	邻苯二甲酸二丁酯	kg	7.80	1.80	0.20	1.80	1.20	1.20	0.80
	石英粉	kg	0.50	2.30	4.60	2.60	1.20	2.60	1.80
	玻璃布	m^2	1.67	—	—	115.00	—	115.00	—
	酒精	kg	5.50	15.00	—	—	—	—	—
	其他材料费占材料费	元	%	1.00	—	1.00	—	—	—
小计				512.63	100.16	824.19	419.82	739.66	364.77
机械	搅拌机 200L	台班	46.05	—	0.10	—	—	—	—

表 6.5-2

编号				T110	T111	T112	T113	T114	T115
人工	名称	单位	单价	数量					
	综合工日	工日	32.53	54.30	3.60	54.30	3.60	54.30	3.60
材料	环氧树脂	kg	29.00	12.30	8.20	8.80	5.90	—	—
	呋喃树脂	kg	16.00	5.30	3.50	—	—	12.30	8.20
	酚醛树脂	kg	16.50	—	—	—	—	5.30	3.50
	煤焦油	kg	1.13	—	—	8.80	5.90	—	—
	T31	kg	16.00	1.85	1.23	1.32	0.89	—	—
	丙酮	kg	8.00	7.00	5.30	—	—	7.00	5.30
	邻苯二甲酸二丁酯	kg	7.80	1.20	0.80	—	—	1.80	1.20
	石英粉	kg	0.50	2.60	1.80	2.60	1.20	2.60	1.20
	玻璃布	m^2	1.67	115.00	—	115.00	—	115.00	—
	甲苯	kg	3.20	—	—	2.60	1.20	—	—
	苯磺酰氯	kg	7.50	—	—	—	—	1.10	0.30
	其他材料费占材料费	元	%	1.00	—	1.00	—	1.00	—
小计				737.11	363.02	492.81	196.45	561.45	243.56
机械									

表 6.5-3

编号				T116	T117	T118	T119	T120	T121
人工	名称	单位	单价	数量					
	综合工日	工日	32.53	54.30	3.60	54.30	3.60	54.30	3.60
材料	酚醛树脂	kg	16.50	17.60	11.70	—	—	—	—
	YJ 型呋喃液	kg	18.00	—	—	25.00	15.00	—	—
	不饱合聚酯树脂	kg	13.59	—	—	—	—	17.00	11.70
	石英粉	kg	0.50	—	—	—	—	2.60	1.20
	瓷粉	kg	0.50	2.60	1.80	—	—	—	—
	YJ-1 型呋喃粉	kg	5.00	—	—	13.00	7.00	—	—
	玻璃布	m^2	1.67	115.00	—	115.00	—	115.00	—
	乙醇	kg	5.50	7.90	5.30	—	—	—	—
	苯磺酰氯	kg	7.50	1.80	1.20	—	—	—	—
	桐油钙松香	kg	5.20	1.80	1.20	—	—	—	—
	50%过氧化乙酮糊液	kg	15.73	—	—	—	—	0.70	5.20
	环烷酸钴苯乙烯溶液	kg	14.48	—	—	—	—	0.40	0.20
	其他材料费占材料费	元	%	1.00	—	1.00	—	1.00	—
小计				555.56	238.34	714.12	305.00	445.59	244.30
机械									

表 6.5-4

	编　号			T122				
	名　称	单位	单　价	数　量				
人工	综合工日	工日	32.53	67.30				
材料	XY401 胶	kg	8.90	90.00				
	稀释剂	kg	3.50	35.30				
	防腐油	kg	0.50	6.80				
	3mm 软聚氯乙烯塑料板	m^2	6.05	149.00				
	聚氯乙烯焊条	kg	4.50	2.20				
	一等方木	m^3	1035.00	0.33				
	二等硬木	m^3	980.00	0.18				
	白布	m^2	3.00	3.60				
	砂布	张	0.65	70.00				
	木螺丝	10 个	0.25	40.00				
	铁钉	kg	4.20	1.20				
小计				2428.59				
机械								

7. 块料砌筑面层(平面、立面、池、沟、槽)指标计算附表

7.1 平面块料砌筑面层

7.1.1 平面环氧胶泥砌块料

表 7.1.1-1

	编号			T123	T124	T125	T126	T127	T128
人工	名称	单位	单价	数量					
	综合工日	工日	32.53	113.00	146.00	116.00	117.00	119.00	121.00
材料	环氧树脂胶泥	m^3	21593.00	0.876	1.416	0.607	0.649	0.615	0.66
	瓷砖 230×113×65	块	4.20	3800.00	6450.00	—	—	—	
	瓷板 150×150×20/30	块	1.56/2.00	—	—	4490.00	4470.00	—	—
	瓷板 180×110×20/30	块	1.41/1.80	—	—	—	—	5080.00	5060.00
	陶板 150×150×20/30	块	0.45/0.58	—	—	—	—	—	—
	树脂底料	m^3	45493.50	0.20	0.20	0.20	0.20	0.20	0.20
	水	m^3	7.00	6.00	8.00	5.00	5.00	5.00	5.00
	其他材料费占材料费	元	%	1.00	1.00	1.00	1.00	1.00	1.00
小计				44456.33	67488.59	29537.50	32408.43	29871.96	32818.01
机械	搅拌机 200L	台班	46.05	4.00	4.00	4.00	4.00	4.00	4.00

表 7.1.1-2

	编号			T129	T130	T131	T132	T133	T134
人工	名称	单位	单价	数量					
	综合工日	工日	32.53	116.00	117.00	119.00	121.00	106.00	106.10
材料	环氧树脂胶泥	m^3	21593.00	0.607	0.649	0.883	0.957	0.91	0.944
	瓷砖 230×113×65	块	4.20	—	—	—	—	—	—
	瓷板 150×150×20/30	块	1.56/2.00	—	—	—	—	—	—
	瓷板 180×110×20/30	块	1.41/1.80	—	—	—	—	—	—
	陶板 150×150×20/30	块	0.45/0.58	4490.00	4470.00	—	—	—	—
	铸石板 300×110×20/30	块	1.58/2.06	—	—	4940.00	4920.00	—	—
	铸石板 300×200×20/30	块	2.98/3.64	—	—	—	—	1700.00	1700.00
	树脂底料	m^3	45493.50	0.20	0.20	0.20	0.20	0.20	0.20
	水	m^3	7.00	5.00	5.00	5.00	5.00	5.00	5.00
	其他材料费占材料费	元	%	1.00	1.00	1.00	1.00	1.00	1.00
小计				24503.76	25740.16	36365.57	40332.74	34187.82	36062.45
机械	搅拌机 200L	台班	46.05	4.00	4.00	4.00	4.00	4.00	4.00

7.1.2 平面环氧煤焦油胶泥砌块料

表 7.1.2-1

	编　号			T135	T136	T137	T138	T139	T140
人工	名　称	单位	单　价	数　量					
	综合工日	工日	32.53	113.00	146.00	116.00	117.00	119.00	121.00
材料	环氧煤焦油树脂胶泥	m^3	17600.00	0.876	1.416	0.607	0.649	0.615	0.66
	瓷砖 230×113×65	块	4.20	3800.00	6450.00	—	—	—	—
	瓷板 150×150×20/30	块	1.56/2.00	—	—	4490.00	4470.00	—	—
	瓷板 180×110×20/30	块	1.41/1.80	—	—	—	—	5080.00	5060.00
	陶板 150×150×20/30	块	0.45/0.58	—	—	—	—	—	—
	树脂底料	m^3	45493.50	0.20	0.20	0.20	0.20	0.20	0.20
	水	m^3	7.00	6.00	8.00	5.00	5.00	5.00	5.00
	其他材料费占材料费	元	%	1.00	1.00	1.00	1.00	1.00	1.00
小计				40923.48	61777.96	27089.51	29791.06	27391.71	30156.28
机械	搅拌机 200L	台班	46.05	4.00	4.00	4.00	4.00	4.00	4.00

表 7.1.2-2

	编　号			T141	T142	T143	T144	T145	T146
人工	名　称	单位	单　价	数　量					
	综合工日	工日	32.53	116.00	117.00	119.00	121.00	106.00	106.10
材料	环氧煤焦油树脂胶泥	m^3	17600.00	0.607	0.649	0.883	0.957	0.91	0.994
	瓷砖 230×113×65	块	4.20	—	—	—	—	—	—
	瓷板 150×150×20/30	块	1.56/2.00	—	—	—	—	—	—
	瓷板 180×110×20/30	块	1.41/1.80	—	—	—	—	—	—
	陶板 150×150×20/30	块	0.45/0.58	4490.00	4470.00	—	—	—	—
	铸石板 300×110×20/30	块	1.58/2.06	—	—	4940.00	4920.00	—	—
	铸石板 300×200×20/30	块	2.98/3.64	—	—	—	—	1700.00	1700.00
	树脂底料	m^3	45493.50	0.20	0.20	0.20	0.20	0.20	0.20
	水	m^3	7.00	5.00	5.00	5.00	5.00	5.00	5.00
	其他材料费占材料费	元	%	1.00	1.00	1.00	1.00	1.00	1.00
小计				22055.77	23380.19	32804.50	36473.22	30517.86	32255.46
机械	搅拌机 200L	台班	46.05	4.00	4.00	4.00	4.00	4.00	4.00

7.1.3 平面环氧呋喃胶泥砌块料

表 7.1.3-1

	编　号			T147	T148	T149	T150	T151	T152
人工	名　称	单位	单　价	数			量		
	综合工日	工日	32.53	113.00	146.00	116.00	117.00	119.00	121.00
材料	环氧呋喃树脂胶泥	m^3	21757.00	0.876	1.416	0.607	0.649	0.615	0.66
	瓷砖 230×113×65	块	4.20	3800.00	6450.00	—	—	—	—
	瓷板 150×150×20/30	块	1.56/2.00	—	—	4490.00	4470.00	—	—
	瓷板 180×110×20/30	块	1.41/1.80	—	—	—	—	5080.00	5060.00
	陶板 150×150×20/30	块	0.45/0.58	—	—	—	—	—	—
	树脂底料	m^3	45493.50	0.20	0.20	0.20	0.20	0.20	0.20
	水	m^3	7.00	6.00	8.00	5.00	5.00	5.00	5.00
	其他材料费占材料费	元	%	1.00	1.00	1.00	1.00	1.00	1.00
小计				44601.43	67723.14	29638.04	32515.93	29973.83	32927.33
机械	搅拌机 200L	台班	46.05	4.00	4.00	4.00	4.00	4.00	4.00

表 7.1.3-2

	编　号			T153	T154	T155	T156	T157	T158
人工	名　称	单位	单　价	数			量		
	综合工日	工日	32.53	116.00	117.00	119.00	121.00	106.00	106.10
材料	环氧呋喃树脂胶泥	m^3	21757.00	0.607	0.649	0.883	0.957	0.91	0.944
	瓷砖 230×113×65	块	4.20	—	—	—	—	—	—
	瓷板 150×150×20/30	块	1.56/2.00	—	—	—	—	—	—
	瓷板 180×110×20/30	块	1.41/1.80	—	—	—	—	—	—
	陶板 150×150×20/30	块	0.45/0.58	4490.00	4470.00	—	—	—	—
	铸石板 300×110×20/30	块	1.58/2.06	—	—	4940.00	4920.00	—	—
	铸石板 300×200×20/30	块	2.98/3.64	—	—	—	—	1700.00	1700.00
	树脂底料	m^3	45493.50	0.20	0.20	0.20	0.20	0.20	0.20
	水	m^3	7.00	5.00	5.00	5.00	5.00	5.00	5.00
	其他材料费占材料费	元	%	1.00	1.00	1.00	1.00	1.00	1.00
小计				24604.31	26105.06	36511.83	40491.25	34338.56	36218.91
机械	搅拌机 200L	台班	46.05	4.00	4.00	4.00	4.00	4.00	4.00

7.1.4 平面环氧酚醛胶泥砌块料

表 7.1.4-1

	编　号			T159	T160	T161	T162	T163	T164
人工	名　称	单位	单　价	数		量			
	综合工日	工日	32.53	113.00	146.00	116.00	117.00	119.00	121.00
材料	环氧酚醛树脂胶泥	m^3	18219.50	0.876	1.416	0.607	0.649	0.615	0.66
	瓷砖 230×113×65	块	4.20	3800.00	6450.00	—	—	—	—
	瓷板 150×150×20/30	块	1.56/2.00	—	—	4490.00	4470.00	—	—
	瓷板 180×110×20/30	块	1.41/1.80	—	—	—	—	5080.00	5060.00
	陶板 150×150×20/30	块	0.45/0.58	—	—	—	—	—	—
	树脂底料	m^3	45493.50	0.20	0.20	0.20	0.20	0.20	0.20
	水	m^3	7.00	6.00	8.00	5.00	5.00	5.00	5.00
	其他材料费占材料费	元	%	1.00	1.00	1.00	1.00	1.00	1.00
小计				41471.59	62663.95	27469.31	30197.14	27776.51	30569.24
机械	搅拌机 200L	台班	46.05	4.00	4.00	4.00	4.00	4.00	4.00

表 7.1.4-2

	编　号			T165	T166	T167	T168	T169	T170
人工	名　称	单位	单　价	数		量			
	综合工日	工日	32.53	116.00	117.00	119.00	121.00	106.00	106.10
材料	环氧酚醛树脂胶泥	m^3	18219.50	0.607	0.649	0.883	0.957	0.91	0.944
	铸石板 300×110×20/30	块	1.58/2.06	—	—	4940.00	4920.00	—	—
	铸石板 300×200×20/30	块	2.98/3.64	—	—	—	—	1700.00	1700.00
	陶板 150×150×20/30	块	0.45/0.58	4490.00	4470.00	—	—	—	—
	树脂底料	m^3	45493.50	0.20	0.20	0.20	0.20	0.20	0.20
	水	m^3	7.00	5.00	5.00	5.00	5.00	5.00	5.00
	其他材料费占材料费	元	%	1.00	1.00	1.00	1.00	1.00	1.00
小计				22435.57	23786.26	33356.99	37072.01	31087.24	32846.12
机械	搅拌机 200L	台班	46.05	4.00	4.00	4.00	4.00	4.00	4.00

7.1.5 平面酚醛胶泥砌块料

表 7.1.5-1

	编　　号			T171	T172	T173	T174	T175	T176
人工	名　　称	单位	单　价	数			量		
	综合工日	工日	32.53	113.00	146.00	116.00	117.00	119.00	121.00
材料	酚醛树脂胶泥	m^3	9482.80	0.876	1.416	0.607	0.649	0.615	0.66
	瓷砖 230×113×65	块	4.20	3800.00	6450.00	—	—	—	—
	瓷板 150×150×20/30	块	1.56/2.00	—	—	4490.00	4470.00	—	—
	瓷板 180×110×20/30	块	1.41/1.80	—	—	—	—	5080.00	5060.00
	陶板 150×150×20/30	块	0.45/0.58	—	—	—	—	—	—
	树脂底料	m^3	45493.50	0.20	0.20	0.20	0.20	0.20	0.20
	水	m^3	7.00	6.00	8.00	5.00	5.00	5.00	5.00
	其他材料费占材料费	元	%	1.00	1.00	1.00	1.00	1.00	1.00
小计				33741.71	50169.07	22113.10	24228.39	22128.77	24745.35
机械	搅拌机 200L	台班	46.05	4.00	4.00	4.00	4.00	4.00	4.00

表 7.1.5-2

	编　　号			T177	T178	T179	T180	T181	T182
人工	名　　称	单位	单　价	数			量		
	综合工日	工日	32.53	116.00	117.00	119.00	121.00	106.00	106.10
材料	酚醛树脂胶泥	m^3	9482.80	0.607	0.649	0.883	0.957	0.91	0.944
	瓷砖 230×113×65	块	4.20	—	—	—	—	—	—
	瓷板 150×150×20/30	块	1.56/2.00	—	—	—	—	—	—
	瓷板 180×110×20/30	块	1.41/1.80	—	—	—	—	—	—
	陶板 150×150×20/30	块	0.45/0.58	4490.00	4470.00	—	—	—	—
	铸石板 300×110×20/30	块	1.58/2.06	—	—	4940.00	4920.00	—	—
	铸石板 300×200×20/30	块	2.98/3.64	—	—	—	—	1700.00	1700.00
	树脂底料	m^3	45493.50	0.20	0.20	0.20	0.20	0.20	0.20
	水	m^3	7.00	5.00	5.00	5.00	5.00	5.00	5.00
	其他材料费占材料费	元	%	1.00	1.00	1.00	1.00	1.00	1.00
小计				17079.36	18059.44	25565.33	28627.38	23057.34	24516.20
机械	搅拌机 200L	台班	46.05	4.00	4.00	119.00	121.00	106.00	106.10

7.1.6 平面YJ呋喃胶泥砌块料

表 7.1.6-1

	编　号			T183	T184	T185	T186	T187	T188
人工	名　称	单位	单　价	数			量		
	综合工日	工日	32.53	113.00	146.00	116.00	117.00	119.00	121.00
材料	YJ呋喃树脂胶泥	m^3	18620.00	0.876	1.416	0.607	0.649	0.615	0.66
	瓷砖 230×113×65	块	4.20	3800.00	6450.00	—	—	—	—
	瓷板 150×150×20/30	块	1.56/2.00	—	—	4490.00	4470.00	—	—
	瓷板 180×110×20/30	块	1.41/1.80	—	—	—	—	5080.00	5060.00
	陶板 150×150×20/30	块	0.45/0.58	—	—	—	—	—	—
	树脂底料	m^3	45493.50	0.20	0.20	0.20	0.20	0.20	0.20
	水	m^3	7.00	6.00	8.00	5.00	5.00	5.00	5.00
	其他材料费占材料费	元	%	1.00	1.00	1.00	1.00	1.00	1.00
小计				41825.94	63236.73	27714.84	30459.66	28025.28	30836.21
机械	搅拌机 200L	台班	46.05	4.00	4.00	4.00	4.00	4.00	4.00

表 7.1.6-2

	编　号			T189	T190	T191	T192	T193	T194
人工	名　称	单位	单　价	数			量		
	综合工日	工日	32.53	116.00	117.00	119.00	121.00	106.00	106.10
材料	YJ呋喃树脂胶泥	m^3	18620.00	0.607	0.649	0.883	0.957	0.91	0.944
	瓷砖 230×113×65	块	4.20	—	—	—	—	—	—
	瓷板 150×150×20/30	块	1.56/2.00	—	—	—	—	—	—
	瓷板 180×110×20/30	块	1.41/1.80	—	—	—	—	—	—
	陶板 150×150×20/30	块	0.45/0.58	4490.00	4470.00	—	—	—	—
	铸石板 300×110×20/30	块	1.58/2.06	—	—	4940.00	4920.00	—	—
	铸石板 300×200×20/30	块	2.98/3.64	—	—	—	—	1700.00	1700.00
	树脂底料	m^3	45493.50	0.20	0.20	0.20	0.20	0.20	0.20
	水	m^3	7.00	5.00	5.00	5.00	5.00	5.00	5.00
	其他材料费占材料费	元	%	1.00	1.00	1.00	1.00	1.00	1.00
小计				22681.11	24048.79	33714.16	37459.12	31455.34	33227.97
机械	搅拌机 200L	台班	46.05	4.00	4.00	4.00	4.00	4.00	4.00

7.1.7 平面双酚A型不饱和聚酯胶泥砌块料

表 7.1.7-1

	编号			T195	T196	T197	T198	T199	T200
	名称	单位	单价	数量					
人工	综合工日	工日	32.53	113.00	146.00	116.00	117.00	119.00	121.00
材料	双酚A型不饱和聚酯树脂胶泥	m^3	15055.70	0.876	1.416	0.607	0.649	0.615	0.66
	瓷砖 230×113×65	块	4.20	3800.00	6450.00	—	—	—	—
	瓷板 150×150×20/30	块	1.56/2.00	—	—	4490.00	4470.00	—	—
	瓷板 180×110×20/30	块	1.41/1.80	—	—	—	—	5080.00	5060.00
	陶板 150×150×20/30	块	0.45/0.58	—	—	—	—	—	—
	树脂底料	m^3	45493.50	0.20	0.20	0.20	0.20	0.20	0.20
	水	m^3	7.00	6.00	8.00	5.00	5.00	5.00	5.00
	其他材料费占材料费	元	%	1.00	1.00	1.00	1.00	1.00	1.00
小计				38672.39	58139.21	25529.68	28123.30	25811.31	28460.25
机械	搅拌机 200L	台班	46.05	4.00	4.00	4.00	4.00	4.00	4.00

表 7.1.7-2

	编号			T201	T202	T203	T204	T205	T206
	名称	单位	单价	数量					
人工	综合工日	工日	32.53	116.00	117.00	119.00	121.00	106.00	106.10
材料	双酚A型不饱和聚酯树脂胶泥	m^3	15055.70	0.607	0.649	0.883	0.957	0.91	0.944
	瓷砖 230×113×65	块	4.20	—	—	—	—	—	—
	瓷板 150×150×20/30	块	1.56/2.00	—	—	—	—	—	—
	瓷板 180×110×20/30	块	1.41/1.80	—	—	—	—	—	—
	陶板 150×150×20/30	块	0.45/0.58	4490.00	4470.00	—	—	—	—
	铸石板 180×110×20/30	块	1.39/1.43	—	—	4940.00	4920.00	—	—
	铸石板 300×200×20/30	块	2.98/3.64	—	—	—	—	1700.00	1700.00
	树脂底料	m^3	45493.50	0.20	0.20	0.20	0.20	0.20	0.20
	水	m^3	7.00	5.00	5.00	5.00	5.00	5.00	5.00
	其他材料费占材料费	元	%	1.00	1.00	1.00	1.00	1.00	1.00
小计				20495.94	21712.42	29587.43	30883.38	28179.39	29829.62
机械	搅拌机 200L	台班	46.05	4.00	4.00	4.00	4.00	4.00	4.00

7.1.8 平面邻苯型不饱和聚酯胶泥砌块料

表 7.1.8-1

	编号			T207	T208	T209	T210	T211	T212
人工	名称	单位	单价	数量					
	综合工日	工日	32.53	113.00	146.00	116.00	117.00	119.00	121.00
材料	邻苯型不饱和聚酯树脂胶泥	m^3	9509.13	0.876	1.416	0.607	0.649	0.615	0.66
	瓷砖 230×113×65	块	4.20	3800.00	6450.00	—	—	—	—
	瓷板 150×150×20/30	块	1.56/2.00	—	—	4490.00	4470.00	—	—
	瓷板 180×110×20/30	块	1.41/1.80	—	—	—	—	5080.00	5060.00
	陶板 150×150×20/30	块	0.45/0.58	—	—	—	—	—	—
	树脂底料	m^3	45493.50	0.20	0.20	0.20	0.20	0.20	0.20
	水	m^3	7.00	6.00	8.00	5.00	5.00	5.00	5.00
	其他材料费占材料费	元	%	1.00	1.00	1.00	1.00	1.00	1.00
小计				33765.00	50206.72	22129.24	24487.58	22366.06	24762.90
机械	搅拌机 200L	台班	46.05	4.00	4.00	4.00	4.00	4.00	4.00

表 7.1.8-2

	编号			T213	T214	T215	T216	T217	T218
人工	名称	单位	单价	数量					
	综合工日	工日	32.53	116.00	117.00	119.00	121.00	106.00	106.10
材料	邻苯型不饱和聚酯树脂胶泥	m^3	9509.13	0.607	0.649	0.833	0.957	0.91	0.944
	瓷砖 230×113×65	块	4.20	—	—	—	—	—	—
	瓷板 150×150×20/30	块	1.56/2.00	—	—	—	—	—	—
	瓷板 180×110×20/30	块	1.41/1.80	—	—	—	—	—	—
	陶板 150×150×20/30	块	0.45/0.58	4490.00	4470.00	—	—	—	—
	铸石板 300×110×20/30	块	1.58/2.06	—	—	4940.00	4920.00	—	—
	铸石板 300×200×20/30	块	2.98/3.64	—	—	—	—	1700.00	1700.00
	树脂底料	m^3	45493.50	0.20	0.20	0.20	0.20	0.20	0.20
	水	m^3	7.00	5.00	5.00	5.00	5.00	5.00	5.00
	其他材料费占材料费	元	%	1.00	1.00	1.00	1.00	1.00	1.00
小计				17095.50	18076.70	25108.61	28652.83	23081.54	24541.30
机械	搅拌机 200L	台班	46.05	4.00	4.00	4.00	4.00	4.00	4.00

7.1.9 平面水玻璃胶泥砌块料

表 7.1.9-1

	编号			T219	T220	T221	T222	T223	T224
人工	名称	单位	单价	数量					
	综合工日	工日	32.53	113.00	146.00	116.00	117.00	119.00	121.00
材料	水玻璃胶泥	m^3	2854.00	1.043	1.829	0.607	0.649	0.615	0.66
	稀胶泥	m^3	3439.60	0.21	0.21	0.21	0.21	0.21	0.21
	瓷砖 230×113×65	块	4.20	3710.00	6210.00	—	—	—	—
	瓷板 150×150×20/30	块	1.56/2.00	—	—	4490.00	4470.00	—	—
	瓷板 180×110×20/30	块	1.41/1.80	—	—	—	—	5080.00	5060.00
	陶板 150×150×20/30	块	0.45/0.58	—	—	—	—	—	—
	水	m^3	7.00	6.00	8.00	5.00	5.00	5.00	5.00
	其他材料费占材料费	元	%	1.00	1.00	1.00	1.00	1.00	1.00
小计				19516.27	32401.08	9589.30	11665.06	9772.08	11866.45
机械	搅拌机 200L	台班	46.05	4.00	4.00	4.00	4.00	4.00	4.00

	编号			T225	T226				
人工	名称	单位	单价	数量					
	综合工日	工日	32.53	116.00	117.00				
材料	水玻璃胶泥	m^3	2854.00	0.607	0.649				
	稀胶泥	m^3	3439.60	0.21	0.21				
	瓷砖 230×113×65	块	4.20	—	—				
	瓷板 150×150×20/30	块	1.56/2.00	—	—				
	瓷板 180×110×20/30	块	1.41/1.80	—	—				
	陶板 150×150×20/30	块	0.45/0.58	4490.00	4470.00				
	水	m^3	7.00	5.00	5.00				
	其他材料费占材料费	元	%	1.00	1.00				
小计				4555.30	5254.18				
机械	搅拌机 200L	台班	46.05	4.00	4.00				

表 7.1.9-2

	编号			T227	T228	T229	T230	T231	T232
人工	名称	单位	单价	数量					
	综合工日	工日	32.53	119.00	121.00	106.00	106.00	106.80	106.80
材料	水玻璃胶泥	m^3	2854.00	0.749	0.809	1.015	1.048	1.273	1.347
	稀胶泥	m^3	3439.60	0.21	0.21	0.21	0.21	0.21	0.21
	铸石板 180×110×20/30	块	1.39/1.43	5010.00	4990.00	—	—	—	—
	铸石板 300×200×20/30	块	2.98/3.64	—	—	1700.00	1700.00	—	—
	花岗石 500×400×60/80	块	147.34/161.93	—	—	—	—	98.40	98.40
	花岗石 400×300×100/40	块	176.56/101.00	—	—	—	—	—	—
	水	m^3	7.00	5.00	5.00	5.00	5.00	5.00	5.00
	其他材料费占材料费	元	%	1.00	1.00	1.00	1.00	1.00	1.00
小计				9957.45	10303.92	8807.33	10035.67	19077.60	20740.92
机械	搅拌机 200L	台班	46.05	4.00	4.00	4.00	4.00	4.00	4.00

	编号			T233	T234				
人工	名称	单位	单价	数量					
	综合工日	工日	32.53	107.00	107.00				
材料	水玻璃胶泥	m^3	2854.00	1.352	0.961				
	稀胶泥	m^3	3439.60	0.21	0.21				
	铸石板 180×110×20/30	块	1.39/1.43	—	—				
	铸石板 300×200×20/30	块	2.98/3.64	—	—				
	花岗石 500×400×60/80	块	147.34/161.93	—	—				
	花岗石 400×300×100/40	块	176.56/101.00	99.10	99.10				
	水	m^3	7.00	5.00	5.00				
	其他材料费占材料费	元	%	1.00	1.00				
小计				22334.15	13644.20				
机械	搅拌机 200L	台班	46.05	4.00	4.00				

7.1.10 平面硫磺胶泥砌块料

表 7.1.10

	编号			T235	T236	T237	T238	T239	T240
人工	名称	单位	单价	数量					
	综合工日	工日	32.53	113.00	117.00	116.00	117.00	116.00	117.00
材料	硫磺胶泥	m^3	4475.00	1.45	2.15	1.11	1.187	1.11	1.187
	瓷砖 230×113×65	块	4.20	3760.00	6330.00	—	—	—	—
	瓷板 150×150×20/30	块	1.56/2.00	—	—	4320.00	4300.00	—	—
	陶板 150×150×20/30	块	0.45/0.58	—	—	—	—	4320.00	4300.00
	铸石板 180×110×20/30	块	1.39/1.43	—	—	—	—	—	—
	煤	kg	0.20	590.00	660.00	450.00	480.00	450.00	480.00
	木柴	kg	0.25	60.00	60.00	50.00	50.00	50.00	50.00
	水	m^3	7.00	6.00	8.00	5.00	5.00	5.00	5.00
	其他材料费占材料费	元	%	1.00	1.00	1.00	1.00	1.00	1.00
小计				22680.31	36774.35	11962.39	14195.88	7119.24	8028.82
机械	搅拌机 200L	台班	46.05						

	编号			T241	T242				
人工	名称	单位	单价	数量					
	综合工日	工日	32.53	119.00	121.00				
材料	硫磺胶泥	m^3	4475.00	1.20	1.27				
	瓷砖 230×113×65	块	4.20	—	—				
	瓷板 150×150×20/30	块	1.56/2.00	—	—				
	陶板 150×150×20/30	块	0.45/0.58	—	—				
	铸石板 180×110×20/30	块	1.39/1.43	4940.00	4920.00				
	煤	kg	0.20	470.00	470.00				
	木柴	kg	0.25	50.00	50.00				
	水	m^3	7.00	5.00	5.00				
	其他材料费占材料费	元	%	1.00	1.00				
小计				12501.88	12988.95				
机械	搅拌机 200L	台班	46.05						

7.1.11 平面沥青胶泥砌块料

表 7.1.11

	编　　号			T243	T244	T245	T246	T247	T248
人工	名　　称	单位	单　价	数		量			
	综合工日	工日	32.53	113.00	146.00	116.00	117.00	116.00	117.00
材料	沥青胶泥	m^3	1516.20	1.064	1.73	0.765	0.833	0.765	0.833
	瓷砖 230×113×65	块	4.20	3760.00	6330.00	—	—	—	—
	瓷板 150×150×20/30	块	1.56/2.00	—	—	4380.00	4350.00	—	—
	陶板 150×150×20/30	块	0.45/0.58	—	—	—	—	4380.00	4350.00
	铸石板 180×110×20/30	块	1.39/1.43	—	—	—	—	—	—
	冷底子油 30:70	kg	3.11	84.00	84.00	84.00	84.00	84.00	84.00
	木柴	kg	0.25	258.00	355.00	154.00	221.00	143.00	206.00
	水	m^3	7.00	6.00	8.00	5.00	5.00	5.00	5.00
	其他材料费占材料费	%	%	1.00	1.00	1.00	1.00	1.00	1.00
小计				17950.71	29911.17	8410.71	10417.63	3497.51	4175.07
机械	搅拌机 200L	台班	46.05	4.00	4.00	4.00	4.00	4.00	4.00

	编　　号			T249	T250				
人工	名　　称	单位	单　价			数	量		
	综合工日	工日	32.53	119.00	121.00				
材料	沥青胶泥	m^3	1516.20	0.967	0.996				
	瓷砖 230×113×65	块	4.20	—	—				
	瓷板 150×150×20/30	块	1.56/2.00	—	—				
	陶板 150×150×20/30	块	0.45/0.58	—	—				
	铸石板 180×110×20/30	块	1.39/1.43	4740.00	4720.00				
	冷底子油 30:70	kg	3.11	84.00	84.00				
	木柴	kg	0.25	202.00	280.00				
	水	m^3	7.00	5.00	5.00				
	其他材料费占材料费	元	%	1.00	1.00				
小计				8485.52	8712.23				
机械	搅拌机 200L	台班	46.05	4.00	4.00				

7.2 平面胶泥、砂浆结合层

7.2.1 平面水玻璃胶泥结合层砌筑

表 7.2.1-1

	编　号			T251	T252	T253	T254	T255	T256
	名　称	单位	单　价	数		量			
人工	综合工日	工日	32.53	113.00	146.00	116.00	117.00	119.00	121.00
材料	水玻璃胶泥	m^3	2854.00	0.789	1.201	0.607	0.649	0.615	0.66
	稀胶泥	m^3	3439.60	0.21	0.21	0.21	0.21	0.21	0.21
	瓷砖 230×113×65	块	4.20	3850.00	6570.00	—	—	—	—
	瓷板 150×150×20/30	块	1.56/2.00	—	—	4490.00	4470.00	—	—
	瓷板 180×110×20/30	块	1.41/1.80	—	—	—	—	5080.00	5060.00
	陶板 150×150×20/30	块	0.45/0.58	—	—	—	—	—	—
	水	m^3	7.00	6.00	8.00	5.00	5.00	5.00	5.00
	其他材料费占材料费	元	%	1.00	1.00	1.00	1.00	1.00	1.00
小计				19377.98	32117.97	9589.03	11630.32	9772.08	11866.45
机械	搅拌机 200L	台班	46.05	4.00	4.00	4.00	4.00	4.00	4.00
	编　号			T257	T258				
	名　称	单位	单　价	数		量			
人工	综合工日	工日	32.53	116.00	117.00				
材料	水玻璃胶泥	m^3	2854.00	0.607	0.649				
	稀胶泥	m^3	3439.60	0.21	0.21				
	瓷砖 230×113×65	块	4.20	—	—				
	瓷板 150×150×20/30	块	1.56/2.00	—	—				
	瓷板 180×110×20/30	块	1.41/1.80	—	—				
	陶板 150×150×20/30	块	0.45/0.58	4490.00	4470.00				
	水	m^3	7.00	5.00	5.00				
	其他材料费占材料费	元	%	1.00	1.00				
小计				4555.30	5254.18				
机械	搅拌机 200L	台班	46.05	4.00	4.00				

表 7.2.1-2

编号				T259	T260	T261	T262	T263	T264
人工	名称	单位	单价	数量					
	综合工日	工日	32.53	110.00	121.00	106.00	106.00	106.80	106.80
材料	水玻璃胶泥	m^3	2854.00	0.883	0.957	1.063	1.122	1.642	1.735
	稀胶泥	m^3	3439.60	0.21	0.21	0.21	0.21	0.21	0.21
	铸石板 180×110×20/30	块	1.39/1.43	4940.00	4920.00	—	—	—	—
	铸石板 300×200×20/30	块	2.98/3.64	—	—	1670.00	1670.00	—	—
	花岗石 500×400×60/80	块	147.34/161.93	—	—	—	—	98.00	98.00
	花岗石 400×300×100/40	块	176.56/101.00	—	—	—	—	—	—
	水	m^3	7.00	5.00	5.00	5.00	5.00	6.00	6.00
	其他材料费占材料费	元	%	1.00	1.00	1.00	1.00	1.00	1.00
小计				10245.44	10629.44	8855.40	10138.69	20088.80	21801.00
机械	搅拌机 200L	台班	46.05	4.00	4.00	4.00	4.00	4.00	4.00
编号				T265	T266				
人工	名称	单位	单价	数量					
	综合工日	工日	32.53	107.00	107.00				
材料	水玻璃胶泥	m^3	2854.00	1.96	1.288				
	稀胶泥	m^3	3439.60	0.21	0.21				
	铸石板 180×110×20/30	块	1.39/1.43	—	—				
	铸石板 300×200×20/30	块	2.98/3.64	—	—				
	花岗石 500×400×60/80	块	147.34/161.93	—	—				
	花岗石 400×300×100/40	块	176.56/101.00	96.30	96.30				
	水	m^3	7.00	8.00	8.00				
	其他材料费占材料费	元	%	1.00	1.00				
小计				23608.63	14322.37				
机械	搅拌机 200L	台班	46.05	4.00	4.00				

7.2.2 平面沥青胶泥结合层砌筑

表 7.2.2

	编号			T267	T268	T269	T270	T271	T272
人工	名称	单位	单价	数量					
	综合工日	工日	32.53	106.00	136.00	112.00	113.00	112.00	113.00
材料	沥青胶泥	m^3	1516.20	1.064	1.73	0.765	0.833	0.765	0.833
	瓷砖 230×113×65	块	4.20	3760.00	6330.00	—	—	—	—
	瓷板 150×150×20/30	块	1.56/2.00	—	—	4380.00	4350.00	—	—
	陶板 150×150×20/30	块	0.45/0.58	—	—	—	—	4380.00	4350.00
	铸石板 180×110×20/30	块	1.39/1.43	—	—	—	—	—	—
	木柴	kg	0.25	313.00	460.00	186.00	220.00	186.00	220.00
	水	m^3	7.00	6.00	8.00	5.00	5.00	5.00	5.00
	其他材料费占材料费	元	%	1.00	1.00	1.00	1.00	1.00	1.00
小计				17700.74	29673.83	8154.93	10153.52	3244.52	3914.75
机械	搅拌机 200L	台班	46.05	4.00	4.00	4.00	4.00	4.00	4.00

	编号			T273	T274				
人工	名称	单位	单价	数量					
	综合工日	工日	32.53	116.00	117.00				
材料	沥青胶泥	m^3	1516.20	0.967	0.996				
	瓷砖 230×113×65	块	4.20	—	—				
	瓷板 150×150×20/30	块	1.56/2.00	—	—				
	陶板 150×150×20/30	块	0.45/0.58	—	—				
	铸石板 180×110×20/30	块	1.39/1.43	4740.00	4720.00				
	木柴	kg	0.25	126.00	224.00				
	水	m^3	7.00	5.00	5.00				
	其他材料费占材料费	元	%	1.00	1.00				
小计				8202.48	8434.24				
机械	搅拌机 200L	台班	46.05	4.00	4.00				

7.2.3 平面水玻璃砂浆结合层砌筑

表 7.2.3-1

	编号			T275	T276	T277	T278	T279	T280
人工	名称	单位	单价	数量					
	综合工日	工日	32.53	113.00	146.00	116.00	117.00	119.00	121.00
材料	水玻璃砂浆	m^3	1950.48	0.789	1.201	0.607	0.649	0.615	0.66
	稀胶泥	m^3	3439.60	0.21	0.21	0.21	0.21	0.21	0.21
	瓷砖 230×113×65	块	4.20	3850.00	6570.00	—	—	—	—
	瓷板 150×150×20/30	块	1.56/2.00	—	—	4490.00	4470.00	—	—
	瓷板 180×110×20/30	块	1.41/1.80	—	—	—	—	5080.00	5060.00
	陶板 150×150×20/30	块	0.45/0.58	—	—	—	—	—	—
	水	m^3	7.00	6.00	8.00	5.00	5.00	5.00	5.00
	其他材料费占材料费	元	%	1.00	1.00	1.00	1.00	1.00	1.00
小计				18657.98	31021.99	9035.11	11072.81	9210.86	11264.16
机械	搅拌机 200L	台班	46.05	4.00	4.00	4.00	4.00	4.00	4.00

	编号			T281	T282				
人工	名称	单位	单价	数量					
	综合工日	工日	32.53	116.00	117.00				
材料	水玻璃砂浆	m^3	1950.48	0.607	0.649				
	稀胶泥	m^3	3439.60	0.21	0.21				
	瓷砖 230×113×65	块	4.20	—	—				
	瓷板 150×150×20/30	块	1.56/2.00	—	—				
	瓷板 180×110×20/30	块	1.41/1.80	—	—				
	陶板 150×150×20/30	块	0.45/0.58	4490.00	4470.00				
	水	m^3	7.00	5.00	5.00				
	其他材料费占材料费	元	%	1.00	1.00				
小计				4001.37	4661.94				
机械	搅拌机 200L	台班	46.05	4.00	4.00				

表 7.2.3-2

编号				T283	T284	T285	T286	T287	T288
人工	名称	单位	单价	数量					
	综合工日	工日	32.53	119.00	121.00	106.00	106.00	106.00	106.00
材料	水玻璃砂浆	m^3	1950.48	0.883	0.957	1.063	1.122	1.642	1.735
	稀胶泥	m^3	3439.60	0.21	0.21	0.21	0.21	0.21	0.21
	铸石板 180×110×20/30	块	1.39/1.43	4940.00	4920.00	—	—	—	—
	铸石板 300×200×20/30	块	2.98/3.64	—	—	1670.00	1670.00	—	—
	花岗石 500 × 400 × 60/80	块	147.34/161.93	—	—	—	—	98.00	98.00
	花岗石 400 × 300 × 100/40	块	176.56/101.00	—	—	—	—	—	—
	水	m^3	7.00	5.00	5.00	5.00	5.00	6.00	6.00
	其他材料费占材料费	元	%	1.00	1.00	1.00	1.00	1.00	1.00
小计				9439.65	9756.12	7885.35	9114.80	18590.39	20217.71
机械	搅拌机 200L	台班	46.05	4.00	4.00	4.00	4.00	4.00	4.00
编号				T289	T290				
人工	名称	单位	单价	数量					
	综合工日	工日	32.53	107.00	107.00				
材料	水玻璃砂浆	m^3	1950.48	1.96	1.288				
	稀胶泥	m^3	3439.60	0.21	0.21				
	铸石板 180×110×20/30	块	1.39/1.43	—	—				
	铸石板 300×200×20/30	块	2.98/3.64	—	—				
	花岗石 500 × 400 × 60/80	块	147.34/161.93	—	—				
	花岗石 400 × 300 × 100/40	块	176.56/101.00	96.30	96.30				
	水	m^3	7.00	8.00	8.00				
	其他材料费占材料费	元	%	1.00	1.00				
小计				21820.02	13147.00				
机械	搅拌机 200L	台班	46.05	4.00	4.00				

7.2.4 平面沥青砂浆结合层砌筑

表 7.2.4

	编号			T291	T292	T293	T294	T295	T296
人工	名称	单位	单价	数量					
	综合工日	工日	32.53	106.00	136.00	112.00	113.00	112.00	113.00
材料	沥青砂浆	m^3	866.08	0.98	1.626	0.844	0.914	0.844	0.914
	稀胶泥	m^3	1538.64	0.21	0.21	0.21	0.21	0.21	0.21
	瓷砖 230×113×65	块	4.20	3800.00	6450.00	—	—	—	—
	瓷板 150×150×20/30	块	1.56/2.00	—	—	4430.00	4410.00	—	—
	陶板 150×150×20/30	块	0.45/0.58	—	—	—	—	4430.00	4410.00
	铸石板 180×110×20/30	块	1.39/1.43	—	—	—	—	—	—
	木柴	kg	0.25	340.00	460.00	270.00	280.00	270.00	280.00
	水	m^3	7.00	6.00	8.00	5.00	5.00	5.00	5.00
	其他材料费占材料费	元	%	1.00	1.00	1.00	1.00	1.00	1.00
小计				17431.45	29282.28	8148.05	10140.10	3763.25	3815.29
机械	搅拌机 200L	台班	46.05	4.00	4.00	4.00	4.00	4.00	4.00

	编号			T297	T298				
人工	名称	单位	单价	数量					
	综合工日	工日	32.53	116.00	117.00				
材料	沥青砂浆	m^3	866.08	1.484	1.544				
	稀胶泥	m^3	1538.64	0.21	0.21				
	瓷砖 230×113×65	块	4.20	—	—				
	瓷板 150×150×20/30	块	1.56/2.00	—	—				
	陶板 150×150×20/30	块	0.45/0.58	—	—				
	铸石板 180×110×20/30	块	1.39/1.43	5010.00	4990.00				
	木柴	kg	0.25	290.00	300.00				
	水	m^3	7.00	5.00	5.00				
	其他材料费占材料费	元	%	1.00	1.00				
小计				8766.57	8959.75				
机械	搅拌机 200L	台班	46.05	4.00	4.00				

7.2.5 1:2 水泥砂浆结合层

表 7.2.5-1

	编号			T299	T300	T301	T302	T303	T304
人工	名称	单位	单价	数量					
	综合工日	工日	32.53	106.00	136.00	112.00	113.00	116.00	117.00
材料	水泥砂浆（1:2）	m^3	245.72	1.064	1.73	0.766	0.833	0.778	0.852
	瓷砖 230×113×65	块	4.20	3760.00	6330.00	—	—	—	—
	瓷板 150×150×20/30	块	1.56/2.00	—	—	4380.00	4350.00	—	—
	瓷板 180×110×20/30	块	1.41/1.80	—	—	—	—	4940.00	4920.00
	陶板 150×150×20/30	块	0.45/0.58	—	—	—	—	—	—
	水	m^3	7.00	6.00	8.00	5.00	5.00	5.00	5.00
	其他材料费占材料费	元	%	1.00	1.00	1.00	1.00	1.00	1.00
小计				16256.38	27337.77	7126.58	9029.08	7263.49	9191.36
机械	搅拌机 200L	台班	46.05	4.00	4.00	4.00	4.00	4.00	4.00

	编号			T305	T306				
人工	名称	单位	单价	数量					
	综合工日	工日	32.53	112.00	113.00				
材料	水泥砂浆（1:2）	m^3	245.72	0.766	0.833				
	瓷砖 230×113×65	块	4.20	—	—				
	瓷板 150×150×20/30	块	1.56/2.00	—	—				
	瓷板 180×110×20/30	块	1.41/1.80	—	—				
	陶板 150×150×20/30	块	0.45/0.58	4380.00	4350.00				
	水	m^3	7.00	5.00	5.00				
	其他材料费占材料费	元	%	1.00	1.00				
小计				2216.16	2790.31				
机械	搅拌机 200L	台班	46.05	4.00	4.00				

表 7.2.5-2

编号				T307	T308	T309	T310	T311	T312
人工	名称	单位	单价	数量					
	综合工日	工日	32.53	116.00	117.00	106.00	106.00	106.00	106.00
材料	水泥砂浆（1:2）	m^3	245.72	0.939	1.041	1.063	1.122	1.801	1.912
	铸石板 180×110×20/30	块	1.39/1.43	4800.00	4780.00	—	—	—	—
	铸石板 300×200×20/30	块	2.98/3.64	—	—	1670.00	1670.00	—	—
	花岗石 500×400×60/80	块	147.34/161.93	—	—	—	—	96.70	96.70
	花岗石 400×300×100/40	块	176.56/101.00	—	—	—	—	—	—
	水	m^3	7.00	5.00	5.00	5.00	5.00	6.00	6.00
	其他材料费占材料费	元	%	1.00	1.00	1.00	1.00	1.00	1.00
小计				7007.10	7100.90	5335.19	6453.39	14879.64	16332.15
机械	搅拌机 200L	台班	46.05	4.00	4.00	4.00	4.00	4.00	4.00

编号				T313	T314
人工	名称	单位	单价	数量	
	综合工日	工日	32.53	107.00	107.00
材料	水泥砂浆（1:2）	m^3	245.72	2.18	1.754
	铸石板 180×110×20/30	块	1.39/1.43	—	—
	铸石板 300×200×20/30	块	2.98/3.64	—	—
	花岗石 500×400×60/80	块	147.34/161.93	—	—
	花岗石 400×300×100/40	块	176.56/101.00	95.20	95.20
	水	m^3	7.00	8.00	8.00
	其他材料费占材料费	元	%	1.00	1.00
小计				17574.18	10203.21
机械	搅拌机 200L	台班	46.05	4.00	4.00

7.3 块料面层胶泥勾缝

表 7.3-1

	编号			T315	T316	T317	T318	T319	T320
人工	名称	单位	单价	数量					
	综合工日	工日	32.53	6.00	6.00	5.00	5.00	5.00	5.00
材料	环氧树脂胶泥	m^3	21593.00	0.10	0.13	0.10	0.10	0.10	0.10
	其他材料费占材料费	元	%	1.00	1.00	1.00	1.00	1.00	1.00
小计				2180.89	2835.16	2180.89	2180.89	2180.89	2180.89
机械	搅拌机 200L	台班	46.05	1.00	1.00	1.00	1.00	1.00	1.00

	编号			T321	T322	T323	T324	T325	T326
人工	名称	单位	单价	数量					
	综合工日	工日	32.53	5.00	5.00	5.00	5.00	5.00	5.00
材料	环氧树脂胶泥	m^3	21593.00	0.10	0.10	0.10	0.10	0.12	0.12
	其他材料费占材料费	元	%	1.00	1.00	1.00	1.00	1.00	1.00
小计				2180.89	2180.89	2180.89	2180.89	2617.07	2617.07
机械	搅拌机 200L	台班	46.05	1.00	1.00	1.00	1.00	1.00	1.00

表 7.3-2

	编号			T327	T328	T329	T330	T331	T332
人工	名称	单位	单价	数量					
	综合工日	工日	32.53	6.00	6.00	5.00	5.00	5.00	5.00
材料	环氧煤焦油树脂胶泥	m^3	17600.00	0.10	0.13	0.10	0.10	0.10	0.10
	其他材料费占材料费	元	%	1.00	1.00	1.00	1.00	1.00	1.00
小计				1777.60	2310.88	1777.60	1777.60	1777.60	1777.60
机械	搅拌机 200L	台班	46.05	1.00	1.00	1.00	1.00	1.00	1.00

	编号			T333	T334	T335	T336	T337	T338
人工	名称	单位	单价	数量					
	综合工日	工日	32.53	5.00	5.00	5.00	5.00	5.00	5.00
材料	环氧煤焦油树脂胶泥	m^3	17600.00	0.10	0.10	0.10	0.10	0.12	0.12
	其他材料费占材料费	元	%	1.00	1.00	1.00	1.00	1.00	1.00
小计				1777.60	1777.60	1777.60	1777.60	2133.12	2133.12
机械	搅拌机 200L	台班	46.05	1.00	1.00	1.00	1.00	1.00	1.00

表 7.3-3

	编　　号			T339	T340	T341	T342	T343	T344
人工	名　　称	单位	单　价			数	量		
	综合工日	工日	32.53	6.00	6.00	5.00	5.00	5.00	5.00
材料	环氧呋喃树脂胶泥	m^3	21757.00	0.10	0.13	0.10	0.10	0.10	0.10
	其他材料费占材料费	元	%	1.00	1.00	1.00	1.00	1.00	1.00
小计				2197.46	2856.69	2197.46	2197.46	2197.46	2197.46
机械	搅拌机 200L	台班	46.05	1.00	1.00	1.00	1.00	1.00	1.00
	编　　号			T345	T346	T347	T348	T349	T350
人工	名　　称	单位	单　价			数	量		
	综合工日	工日	32.53	5.00	5.00	5.00	5.00	5.00	5.00
材料	环氧呋喃树脂胶泥	m^3	21757.00	0.10	0.10	0.10	0.10	0.12	0.12
	其他材料费占材料费	元	%	1.00	1.00	1.00	1.00	1.00	1.00
小计				2197.46	2197.46	2197.46	2197.46	2636.95	2636.95
机械	搅拌机 200L	台班	46.05	1.00	1.00	1.00	1.00	1.00	1.00

表 7.3-4

编号				T351	T352	T353	T354	T355	T356
人工	名称	单位	单价	数量					
	综合工日	工日	32.53	6.00	6.00	5.00	5.00	5.00	5.00
材料	环氧酚醛树脂胶泥	m^3	18219.50	0.10	0.13	0.10	0.10	0.10	0.10
	其他材料费占材料费	元	%	1.00	1.00	1.00	1.00	1.00	1.00
小计				1840.17	2392.22	1840.17	1840.17	1840.17	1840.17
机械	搅拌机 200L	台班	46.05	1.00	1.00	1.00	1.00	1.00	1.00

编号				T357	T358	T359	T360	T361	T362
人工	名称	单位	单价	数量					
	综合工日	工日	32.53	5.00	5.00	5.00	5.00	5.00	5.00
材料	环氧酚醛树脂胶泥	m^3	18219.50	0.10	0.10	0.10	0.10	0.12	0.12
	其他材料费占材料费	元	%	1.00	1.00	1.00	1.00	1.00	1.00
小计				1840.17	1840.17	1840.17	1840.17	2208.20	2208.20
机械	搅拌机 200L	台班	46.05	1.00	1.00	1.00	1.00	1.00	1.00

表 7.3-5

编号				T363	T364	T365	T366	T367	T368
人工	名称	单位	单价	数量					
	综合工日	工日	32.53	6.00	6.00	5.00	5.00	5.00	5.00
材料	酚醛树脂胶泥	m^3	9482.80	0.10	0.13	0.10	0.10	0.10	0.10
	其他材料费占材料费	元	%	1.00	1.00	1.00	1.00	1.00	1.00
小计				957.76	1245.09	957.76	957.76	957.76	957.76
机械	搅拌机 200L	台班	46.05	1.00	1.00	1.00	1.00	1.00	1.00

编号				T369	T370	T371	T372	T373	T374
人工	名称	单位	单价	数量					
	综合工日	工日	32.53	5.00	5.00	5.00	5.00	5.00	5.00
材料	酚醛树脂胶泥	m^3	9482.80	0.10	0.10	0.10	0.10	0.12	0.12
	其他材料费占材料费	元	%	1.00	1.00	1.00	1.00	1.00	1.00
小计				957.76	957.76	957.76	957.76	1149.32	1149.32
机械	搅拌机 200L	台班	46.05	1.00	1.00	1.00	1.00	1.00	1.00

表 7.3-6

编号				T375	T376	T377	T378	T379	T380
人工	名称	单位	单价	数量					
	综合工日	工日	32.53	6.00	6.00	5.00	5.00	5.00	5.00
材料	YJ 呋喃树脂胶泥	m^3	18620.00	0.10	0.13	0.10	0.10	0.10	0.10
	其他材料费占材料费	元	%	1.00	1.00	1.00	1.00	1.00	1.00
小计				1880.62	2444.81	1880.62	1880.62	1880.62	1880.62
机械	搅拌机 200L	台班	46.05	1.00	1.00	1.00	1.00	1.00	1.00

编号				T381	T382	T383	T384	T385	T386
人工	名称	单位	单价	数量					
	综合工日	工日	32.53	5.00	5.00	5.00	5.00	5.00	5.00
材料	YJ 呋喃树脂胶泥	m^3	18620.00	0.10	0.10	0.10	0.10	0.12	0.12
	其他材料费占材料费	元	%	1.00	1.00	1.00	1.00	1.00	1.00
小计				1880.62	1880.62	1880.62	1880.62	2256.74	2256.74
机械	搅拌机 200L	台班	46.05	1.00	1.00	1.00	1.00	1.00	1.00

表 7.3-7

编号				T387	T388	T389	T390	T391	T392
人工	名称	单位	单价	数量					
	综合工日	工日	32.53	6.00	6.00	5.00	5.00	5.00	5.00
材料	双酚A型不饱和聚酯树脂胶泥	m^3	15055.70	0.10	0.13	0.10	0.10	0.10	0.10
	其他材料费占材料费	元	%	1.00	1.00	1.00	1.00	1.00	1.00
小计				1520.63	1976.81	1520.63	1520.63	1520.63	1520.63
机械	搅拌机 200L	台班	46.05	1.00	1.00	1.00	1.00	1.00	1.00

编号				T393	T394	T395	T396	T397	T398
人工	名称	单位	单价	数量					
	综合工日	工日	32.53	5.00	5.00	5.00	5.00	5.00	5.00
材料	双酚A型不饱和聚酯树脂胶泥	m^3	15055.20	0.10	0.10	0.10	0.10	0.12	0.12
	其他材料费占材料费	元	%	1.00	1.00	1.00	1.00	1.00	1.00
小计				1520.63	1520.63	1520.63	1520.63	1824.75	1824.75
机械	搅拌机 200L	台班	46.05	1.00	1.00	1.00	1.00	1.00	1.00

表 7.3-8

	编　号			T399	T400	T401	T402	T403	T404
人工	名　称	单位	单　价			数	量		
	综合工日	工日	32.53	6.00	6.00	5.00	5.00	5.00	5.00
材料	邻苯型不饱和聚酯树脂胶泥	m^3	9509.13	0.10	0.13	0.10	0.10	0.10	0.10
	其他材料费占材料费	元	%	1.00	1.00	1.00	1.00	1.00	1.00
小计				960.42	1248.55	960.42	960.42	960.42	960.42
机械	搅拌机 200L	台班	46.05	1.00	1.00	1.00	1.00	1.00	1.00

	编　号			T405	T406	T407	T408	T409	T410
人工	名　称	单位	单　价			数	量		
	综合工日	工日	32.53	5.00	5.00	5.00	5.00	5.00	5.00
材料	邻苯型不饱和聚酯树脂胶泥	m^3	9509.13	0.10	0.10	0.10	0.10	0.12	0.12
	其他材料费占材料费	元	%	1.00	1.00	1.00	1.00	1.00	1.00
小计				960.42	960.42	960.42	960.42	1152.51	1152.51
机械	搅拌机 200L	台班	46.05	1.00	1.00	1.00	1.00	1.00	1.00

表 7.3-9

	编号			T411	T412	T413	T414	T415	T416
人工	名称	单位	单价	数量					
	综合工日	工日	32.53	6.00	6.00	5.00	5.00	5.00	5.00
材料	硫磺胶泥	m^3	4475.00	0.10	0.13	0.10	0.10	0.10	0.10
	其他材料费占材料费	元	%	1.00	1.00	1.00	1.00	1.00	1.00
小计				451.98	587.57	451.98	451.98	451.98	451.98
机械									

	编号			T417	T418	T419	T420	T421	T422
人工	名称	单位	单价	数量					
	综合工日	工日	32.53	5.00	5.00	5.00	5.00	5.00	5.00
材料	硫磺胶泥	m^3	4475.00	0.10	0.10	0.10	0.10	0.12	0.12
	其他材料费占材料费	元	%	1.00	1.00	1.00	1.00	1.00	1.00
小计				451.98	451.98	451.98	451.98	542.37	542.37
机械									

表 7.3-10

编号				T423	T424	T425	T426	T427	T428
人工	名称	单位	单价	数量					
	综合工日	工日	32.53	6.00	6.00	5.00	5.00	5.00	5.00
材料	沥青胶泥	m^3	1516.20	0.10	0.13	0.10	0.10	0.10	0.10
	其他材料费占材料费	元	%	1.00	1.00	1.00	1.00	1.00	1.00
小计				153.14	199.08	153.14	153.14	153.14	153.14
机械	搅拌机 200L	台班	46.05	1.00	1.00	1.00	1.00	1.00	1.00

编号				T429	T430	T431	T432	T433	T434
人工	名称	单位	单价	数量					
	综合工日	工日	32.53	5.00	5.00	5.00	5.00	5.00	5.00
材料	沥青胶泥	m^3	1516.20	0.10	0.10	0.10	0.10	0.12	0.12
	其他材料费占材料费	元	%	1.00	1.00	1.00	1.00	1.00	1.00
小计				153.14	153.14	153.14	153.14	183.76	183.76
机械	搅拌机 200L	台班	46.05	1.00	1.00	1.00	1.00	1.00	1.00

表 7.3-11

	编号			T435	T436	T437	T438	T439	T440
人工	名称	单位	单价	数量					
	综合工日	工日	32.53	6.00	6.00	5.00	5.00	5.00	5.00
材料	水玻璃胶泥	m^3	2854.00	0.10	0.13	0.10	0.10	0.10	0.10
	其他材料费占材料费	元	%	1.00	1.00	1.00	1.00	1.00	1.00
小计				288.25	374.73	288.25	288.25	288.25	288.25
机械	搅拌机 200L	台班	46.05	1.00	1.00	1.00	1.00	1.00	1.00

	编号			T441	T442	T443	T444	T445	T446
人工	名称	单位	单价	数量					
	综合工日	工日	32.53	5.00	5.00	5.00	5.00	5.00	5.00
材料	水玻璃胶泥	m^3	2854.00	0.10	0.10	0.10	0.10	0.12	0.12
	其他材料费占材料费	元	%	1.00	1.00	1.00	1.00	1.00	1.00
小计				288.25	288.25	288.25	288.25	345.90	345.90
机械	搅拌机 200L	台班	46.05	1.00	1.00	1.00	1.00	1.00	1.00

表 7.3-12

编号				T447	T448	T449	T450	T451	T452
人工	名称	单位	单价	数量					
	综合工日	工日	32.53	6.00	6.00	5.00	5.00	5.00	5.00
材料	IG-I 耐酸胶泥	m^3	2854.00	0.10	0.13	0.10	0.10	0.10	0.10
	其他材料费占材料费	元	%	1.00	1.00	1.00	1.00	1.00	1.00
小计				288.25	374.73	288.25	288.25	288.25	288.25
机械	搅拌机 200L	台班	46.05	1.00	1.00	1.00	1.00	1.00	1.00

编号				T453	T454	T455	T456	T457	T458
人工	名称	单位	单价	数量					
	综合工日	工日	32.53	5.00	5.00	5.00	5.00	5.00	5.00
材料	IG-I 耐酸胶泥	m^3	2854.00	0.10	0.10	0.10	0.10	0.12	0.12
	其他材料费占材料费	元	%	1.00	1.00	1.00	1.00	1.00	1.00
小计				288.25	288.25	288.25	288.25	345.90	345.90
机械	搅拌机 200L	台班	46.05	1.00	1.00	1.00	1.00	1.00	1.00

表 7.3-13

	编号			T459	T460	T461	T462	T463	T464
人工	名称	单位	单价	数量					
	综合工日	工日	32.53	6.00	6.00	5.00	5.00	5.00	5.00
材料	KP-I 耐酸胶泥	m^3	4615.00	0.10	0.13	0.10	0.10	0.10	0.10
	其他材料费占材料费	元	%	1.00	1.00	1.00	1.00	1.00	1.00
小计				466.12	605.95	466.12	466.12	466.12	466.12
机械	搅拌机 200L	台班	46.05	1.00	1.00	1.00	1.00	1.00	1.00

	编号			T465	T466	T467	T468	T469	T470
人工	名称	单位	单价	数量					
	综合工日	工日	32.53	5.00	5.00	5.00	5.00	5.00	5.00
材料	KP-I 耐酸胶泥	m^3	4615.00	0.10	0.10	0.10	0.10	0.12	0.12
	其他材料费占材料费	元	%	1.00	1.00	1.00	1.00	1.00	1.00
小计				466.12	466.12	466.12	466.12	559.34	559.34
机械	搅拌机 200L	台班	46.05	1.00	1.00	1.00	1.00	1.00	1.00

7.4 立面块料砌筑面层

7.4.1 立面环氧树脂胶泥砌块料

表 7.4.1-1

	编号			T471	T472	T473	T474	T475	T476
人工	名称	单位	单价	数量					
	综合工日	工日	32.53	123.40	160.6	127.90	127.90	130.90	133.10
材料	环氧树脂胶泥	m^3	21593.00	0.876	1.416	0.607	0.649	0.615	0.66
	瓷砖 230×113×65	块	4.20	3800.00	6450.00	—	—	—	—
	瓷板 150×150×20/30	块	1.56/2.00	—	—	4490.00	4470.00	—	—
	瓷板 180×110×20/30	块	1.41/1.80	—	—	—	—	5080.00	5060.00
	陶板 150×150×20/30	块	0.45/0.58	—	—	—	—	—	—
	树脂底料	m^3	45493.50	0.20	0.20	0.20	0.20	0.20	0.20
	水	m^3	7.00	6.00	8.00	5.00	5.00	5.00	5.00
	其他材料费占材料费	元	%	1.00	1.00	1.00	1.00	1.00	1.00
小计				44456.33	67488.59	29537.50	32408.43	29871.96	32818.01
机械	搅拌机 200L	台班	46.05	4.00	4.00	4.00	4.00	4.00	4.00

	编号			T477	T478				
人工	名称	单位	单价	数量					
	综合工日	工日	32.53	127.90	128.70				
材料	环氧树脂胶泥	m^3	21593.00	0.607	0.649				
	瓷砖 230×113×65	块	4.20	—	—				
	瓷板 150×150×20/30	块	1.56/2.00	—	—				
	瓷板 180×110×20/30	块	1.41/1.80	—	—				
	陶板 150×150×20/30	块	0.45/0.58	4490.00	4470.00				
	树脂底料	m^3	45493.50	0.20	0.20				
	水	m^3	7.00	5.00	5.00				
	其他材料费占材料费	元	%	1.00	1.00				
小计				24503.76	25997.56				
机械	搅拌机 200L	台班	46.05	4.00	4.00				

表 7.4.1-2

	编号			T479	T480	T481	T482		
人工	名称	单位	单价	数量					
	综合工日	工日	32.53	130.90	133.10	116.60	116.60		
材料	环氧树脂胶泥	m^3	21593.00	0.883	0.957	0.91	0.944		
	铸石板 180×110×20/30	块	1.39/1.43	4940.00	4920.00	—	—		
	铸石板 300×200×20/30	块	2.98/3.64	—	—	1700.00	1700.00		
	树脂底料	m^3	45493.50	0.20	0.20	0.20	0.20		
	水	m^3	7.00	5.00	5.00	5.00	5.00		
	其他材料费占材料费	元	%	1.00	1.00	1.00	1.00		
小计				35417.59	37202.14	34187.82	36062.55		
机械	搅拌机 200L	台班	46.05	4.00	4.00	4.00	4.00		

7.4.2 立面环氧煤焦油胶泥砌块料

表 7.4.2-1

	编号			T483	T484	T485	T486	T487	T488
人工	名称	单位	单价	数量					
	综合工日	工日	32.53	123.40	160.60	127.90	127.90	130.90	133.10
材料	环氧煤焦油树脂胶泥	m^3	17600.00	0.876	1.416	0.607	0.649	0.615	0.66
	瓷砖 230×113×65	块	4.20	3800.00	6450.00	—	—	—	—
	瓷板 150×150×20/30	块	1.56/2.00	—	—	4490.00	4470.00	—	—
	瓷板 180×110×20/30	块	1.41/1.80	—	—	—	—	5080.00	5060.00
	陶板 150×150×20/30	块	0.45/0.58	—	—	—	—	—	—
	树脂底料	m^3	45493.50	0.20	0.20	0.20	0.20	0.20	0.20
	水	m^3	7.00	6.00	8.00	5.00	5.00	5.00	5.00
	其他材料费占材料费	元	%	1.00	1.00	1.00	1.00	1.00	1.00
小计				40923.48	61777.96	27089.51	29791.06	27391.71	30156.28
机械	搅拌机 200L	台班	46.05	4.00	4.00	4.00	4.00	4.00	4.00

续表

编号				T489	T490			
人工	名称	单位	单价	数量				
	综合工日	工日	32.53	127.70	128.70			
材料	环氧煤焦油树脂胶泥	m^3	17600.00	0.607	0.649			
	瓷砖 230×113×65	块	4.20	—	—			
	瓷板 150×150×20/30	块	1.56/2.00	—	—			
	瓷板 180×110×20/30	块	1.41/1.80	—	—			
	陶板 150×150×20/30	块	0.45/0.58	4490.00	4470.00			
	树脂底料	m^3	45493.50	0.20	0.20			
	水	m^3	7.00	5.00	5.00			
	其他材料费占材料费	元	%	1.00	1.00			
小计				22055.77	23380.19			
机械	搅拌机 200L	台班	46.05	4.00	4.00			

表 7.4.2-2

编号				T491	T492	T493	T494	
人工	名称	单位	单价	数量				
	综合工日	工日	32.53	130.90	133.10	116.60	116.60	
材料	环氧煤焦油树脂胶泥	m^3	17600.00	0.883	0.957	0.91	0.944	
	铸石板 180×110×20/30	块	1.39/1.43	4940.00	4920.00	—	—	
	铸石板 300×200×20/30	块	2.89/3.64	—	—	1700.00	1700.00	
	树脂底料	m^3	45493.50	0.20	0.20	0.20	0.20	
	水	m^3	7.00	5.00	5.00	5.00	5.00	
	其他材料费占材料费	元	%	1.00	1.00	1.00	1.00	
小计				31856.51	33342.63	30517.86	32255.46	
机械	搅拌机 200L	台班	46.05	4.00	4.00	4.00	4.00	

7.4.3 立面环氧酚醛胶泥砌块料

表 7.4.3-1

	编　　号			T495	T496	T497	T498	T499	T500
人工	名　　称	单位	单　价	数		量			
	综合工日	工日	32.53	123.40	160.60	127.90	127.90	130.90	133.10
材料	环氧酚醛树脂胶泥	m^3	18219.50	0.876	1.416	0.607	0.649	0.615	0.66
	瓷砖 230×113×65	块	4.20	3800.00	6450.00	—	—	—	—
	瓷板 150×150×20/30	块	1.56/2.00	—	—	4490.00	4470.00	—	—
	瓷板 180×110×20/30	块	1.41/1.80	—	—	—	—	5080.00	5060.00
	陶板 150×150×20/30	块	0.45/0.58	—	—	—	—	—	—
	树脂底料	m^3	45493.50	0.20	0.20	0.20	0.20	0.20	0.20
	水	m^3	7.00	6.00	8.00	5.00	5.00	5.00	5.00
	其他材料费占材料费	元	%	1.00	1.00	1.00	1.00	1.00	1.00
小计				41471.59	62663.95	27469.31	30197.14	27776.50	30569.24
机械	搅拌机 200L	台班	46.05	4.00	4.00	4.00	4.00	4.00	4.00

	编　　号			T501	T502				
人工	名　　称	单位	单　价			数	量		
	综合工日	工日	32.53	127.70	128.70				
材料	环氧酚醛树脂胶泥	m^3	18219.50	0.607	0.649				
	瓷砖 230×113×65	块	4.20	—	—				
	瓷板 150×150×20/30	块	1.56/2.00	—	—				
	瓷板 180×110×20/30	块	1.41/1.80	—	—				
	陶板 150×150×20/30	块	0.45/0.58	4490.00	4470.00				
	树脂底料	m^3	45493.50	0.20	0.20				
	水	m^3	7.00	5.00	5.00				
	其他材料费占材料费	元	%	1.00	1.00				
小计				22435.67	23786.26				
机械	搅拌机 200L	台班	46.05	4.00	4.00				

表 7.4.3-2

编　　号				T503	T504	T505	T506		
人工	名　　称	单位	单　价	数　　量					
	综合工日	工日	32.53	130.90	133.10	116.60	116.60		
材料	环氧酚醛树脂胶泥	m^3	18219.50	0.883	0.957	0.91	0.944		
	铸石板 180×110×20/30	块	1.39/1.43	4940.00	4920.00	—	—		
	铸石板 300×200×20/30	块	2.98/3.64	—	—	1700.00	1700.00		
	树脂底料	m^3	45493.50	0.20	0.20	0.20	0.20		
	水	m^3	7.00	5.00	5.00	5.00	5.00		
	其他材料费占材料费	元	%	1.00	1.00	1.00	1.00		
小计				32409.00	33941.41	31087.24	32846.12		
机械	搅拌机 200L	台班	46.05	4.00	4.00	4.00	4.00		

7.4.4　立面环氧呋喃胶泥砌块料

表 7.4.4-1

编　　号				T507	T508	T509	T510	T511	T512
人工	名　　称	单位	单　价	数　　量					
	综合工日	工日	32.53	123.40	160.60	127.90	127.90	130.90	133.10
材料	环氧呋喃树脂胶泥	m^3	21757.00	0.876	1.416	0.607	0.649	0.615	0.66
	瓷砖 230×113×65	块	4.20	3800.00	6450.00	—	—	—	—
	瓷板 150×150×20/30	块	1.56/2.00	—	—	4490.00	4470.00	—	—
	瓷板 180×110×20/30	块	1.41/1.80	—	—	—	—	5080.00	5060.00
	陶板 150×150×20/30	块	0.45/0.58	—	—	—	—	—	—
	树脂底料	m^3	45493.50	0.20	0.20	0.20	0.20	0.20	0.20
	水	m^3	7.00	6.00	8.00	5.00	5.00	5.00	5.00
	其他材料费占材料费	元	%	1.00	1.00	1.00	1.00	1.00	1.00
小计				44601.43	67723.14	29638.04	32515.93	29973.83	32927.33
机械	搅拌机 200L	台班	46.05	4.00	4.00	4.00	4.00	4.00	4.00

续表

编号				T513	T514			
	名称	单位	单价	数量				
人工	综合工日	工日	32.53	127.70	128.70			
材料	环氧呋喃树脂胶泥	m^3	21757.00	0.607	0.649			
	瓷砖 230×113×65	块	4.20	—	—			
	瓷板 150×150×20/30	块	1.56/2.00	—	—			
	瓷板 180×110×20/30	块	1.41/1.80	—	—			
	陶板 150×150×20/30	块	0.45/0.58	4490.00	4470.00			
	树脂底料	m^3	45493.50	0.20	0.20			
	水	m^3	7.00	5.00	5.00			
	其他材料费占材料费	元	%	1.00	1.00			
小计				24604.31	26105.06			
机械	搅拌机 200L	台班	46.05	4.00	4.00			

表 7.4.4-2

编号				T515	T516	T517	T518	
	名称	单位	单价	数量				
人工	综合工日	工日	32.53	130.90	133.10	116.60	116.60	
材料	环氧呋喃树脂胶泥	m^3	21757.00	0.883	0.957	0.91	0.944	
	铸石板 180×110×20/30	块	1.39/1.43	4940.00	4920.00	—	—	
	铸石板 300×200×20/30	块	2.98/3.64	—	—	1700.00	1700.00	
	树脂底料	m^3	45493.50	0.20	0.20	0.20	0.20	
	水	m^3	7.00	5.00	5.00	5.00	5.00	
	其他材料费占材料费	元	%	1.00	1.00	1.00	1.00	
小计				35563.85	37360.66	34338.56	36218.91	
机械	搅拌机 200L	台班	46.05	4.00	4.00	4.00	4.00	

7.4.5 立面酚醛胶泥砌块料

表 7.4.5-1

编号				T519	T520	T521	T522	T523	T524
人工	名称	单位	单价	数量					
	综合工日	工日	32.53	123.40	160.60	127.90	127.90	130.90	133.10
材料	酚醛树脂胶泥	m^3	9482.80	0.876	1.416	0.607	0.649	0.615	0.66
	瓷砖 230×113×65	块	4.20	3800.00	6450.00	—	—	—	—
	瓷板 150×150×20/30	块	1.56/2.00	—	—	4490.00	4470.00	—	—
	瓷板 180×110×20/30	块	1.41/1.80	—	—	—	—	5080.00	5060.00
	陶板 150×150×20/30	块	0.45/0.58	—	—	—	—	—	—
	树脂底料	m^3	45493.50	0.20	0.20	0.20	0.20	0.20	0.20
	水	m^3	7.00	6.00	8.00	5.00	5.00	5.00	5.00
	其他材料费占材料费	元	%	1.00	1.00	1.00	1.00	1.00	1.00
小计				33741.71	50169.07	22113.10	24470.32	22349.71	24745.35
机械	搅拌机 200L	台班	46.05	4.00	4.00	4.00	4.00	4.00	4.00

表 7.4.5-2

编号				T525	T526	T527	T528	T529	T530
人工	名称	单位	单价	数量					
	综合工日	工日	32.53	127.70	128.70	130.90	133.10	116.60	116.60
材料	酚醛树脂胶泥	m^3	9482.80	0.607	0.649	0.883	0.957	0.91	0.944
	瓷砖 230×113×65	块	4.20	—	—	—	—	—	—
	瓷板 150×150×20/30	块	1.46/2.00	—	—	—	—	—	—
	瓷板 180×110×20/30	块	1.41/1.80	—	—	—	—	—	—
	陶板 150×150×20/30	块	0.45/0.58	4490.00	4470.00	—	—	—	—
	铸石板 180×110×20/30	块	1.39/1.43	—	—	4940.00	4920.00	—	—
	铸石板 300×200×20/30	块	2.98/3.64	—	—	—	—	1700.00	1700.00
	树脂底料	m^3	45493.50	0.20	0.20	0.20	0.20	0.20	0.20
	水	m^3	7.00	5.00	5.00	5.00	5.00	5.00	5.00
	其他材料费占材料费	元	%	1.00	1.00	1.00	1.00	1.00	1.00
小计				17079.36	18059.44	24617.35	25496.78	23057.34	24516.20
机械	搅拌机 200L	台班	46.05	4.00	4.00	4.00	4.00	4.00	4.00

7.4.6 立面 YJ 呋喃胶泥砌块料

表 7.4.6-1

	编号			T531	T532	T533	T534	T535	T536
人工	名称	单位	单价	数量					
	综合工日	工日	32.53	123.40	160.60	127.90	127.90	130.90	133.10
材料	YJ 呋喃树脂胶泥	m^3	18620.00	0.876	1.416	0.607	0.649	0.615	0.66
	瓷砖 230×113×65	块	4.20	3800.00	6450.00	—	—	—	—
	瓷板 150×150×20/30	块	1.56/2.00	—	—	4490.00	4470.00	—	—
	瓷板 180×110×20/30	块	1.41/1.80	—	—	—	—	5080.00	5060.00
	陶板 150×150×20/30	块	0.45/0.58	—	—	—	—	—	—
	树脂底料	m^3	45493.50	0.20	0.20	0.20	0.20	0.20	0.20
	水	m^3	7.00	6.00	8.00	5.00	5.00	5.00	5.00
	其他材料费占材料费	元	%	1.00	1.00	1.00	1.00	1.00	1.00
小计				41825.94	63236.73	27714.84	30459.66	28025.28	30836.21
机械	搅拌机 200L	台班	46.05	4.00	4.00	4.00	4.00	4.00	4.00

表 7.4.6-2

	编号			T537	T538	T539	T540	T541	T542
人工	名称	单位	单价	数量					
	综合工日	工日	32.53	127.70	128.70	130.90	133.10	116.60	116.60
材料	YJ 呋喃树脂胶泥	m^3	18620.00	0.607	0.649	0.883	0.957	0.91	0.944
	瓷砖 230×113×65	块	4.20	—	—	—	—	—	—
	瓷板 150×150×20/30	块	1.56/2.00	—	—	—	—	—	—
	瓷板 180×110×20/30	块	1.41/1.80	—	—	—	—	—	—
	陶板 150×150×20/30	块	0.45/0.58	4490.00	4470.00	—	—	—	—
	铸石板 180×110×20/30	块	1.39/1.43	—	—	4940.00	4920.00	—	—
	铸石板 300×200×20/30	块	2.98/3.64	—	—	—	—	1700.00	1700.00
	树脂底料	m^3	45493.50	0.20	0.20	0.20	0.20	0.20	0.20
	水	m^3	7.00	5.00	5.00	5.00	5.00	5.00	5.00
	其他材料费占材料费	元	%	1.00	1.00	1.00	1.00	1.00	1.00
小计				22681.11	24048.79	32766.18	34328.53	31455.34	33227.97
机械	搅拌机 200L	台班	46.05	4.00	4.00	4.00	4.00	4.00	4.00

7.4.7 立面双酚A型不饱和聚酯胶泥砌块料

表 7.4.7-1

	编号			T543	T544	T545	T546	T547	T548
人工	名称	单位	单价	数量					
	综合工日	工日	32.53	123.40	160.60	127.90	127.90	130.90	133.10
材料	双酚A型不饱和聚酯树脂胶泥	m^3	15055.70	0.876	1.416	0.607	0.649	0.615	0.66
	瓷砖 230×113×65	块	4.20	3800.00	6450.00	—	—	—	—
	瓷板 150×150×20/30	块	1.56/2.00	—	—	4490.00	4470.00	—	—
	瓷板 180×110×20/30	块	1.41/1.80	—	—	—	—	5080.00	5060.00
	陶板 150×150×20/30	块	0.45/0.58	—	—	—	—	—	—
	树脂底料	m^3	45493.50	0.20	0.20	0.20	0.20	0.20	0.20
	水	m^3	7.00	6.00	8.00	5.00	5.00	5.00	5.00
	其他材料费占材料费	元	%	1.00	1.00	1.00	1.00	1.00	1.00
小计				38672.39	58139.21	25529.68	28123.30	25811.31	28460.25
机械	搅拌机 200L	台班	46.05	4.00	4.00	4.00	4.00	4.00	4.00

表 7.4.7-2

	编号			T549	T550	T551	T552	T553	T554
人工	名称	单位	单价	数量					
	综合工日	工日	32.53	127.70	128.70	130.90	133.10	116.60	116.60
材料	双酚A型不饱和聚酯树脂胶泥	m^3	15055.70	0.607	0.649	0.883	0.957	0.91	0.944
	瓷砖 230×113×65	块	4.20	—	—	—	—	—	—
	瓷板 150×150×20/30	块	1.56/2.00	—	—	—	—	—	—
	瓷板 180×110×20/30	块	1.41/1.80	—	—	—	—	—	—
	陶板 150×150×20/30	块	0.45/0.58	4490.00	4470.00	—	—	—	—
	铸石板 180×110×20/30	块	1.39/1.43	—	—	4940.00	4920.00	—	—
	铸石板 300×200×20/30	块	2.98/3.64	—	—	—	—	1700.00	1700.00
	树脂底料	m^3	45493.50	0.20	0.20	0.20	0.20	0.20	0.20
	水	m^3	7.00	5.00	5.00	5.00	5.00	5.00	5.00
	其他材料费占材料费	元	%	1.00	1.00	1.00	1.00	1.00	1.00
小计				20495.94	21712.42	29587.42	30883.38	28179.39	29829.62
机械	搅拌机 200L	台班	46.05	4.00	4.00	4.00	4.00	4.00	4.00

7.4.8 立面邻苯型不饱和聚酯胶泥砌块料

表 7.4.8-1

	编 号			T555	T556	T557	T558	T559	T560
人工	名 称	单位	单 价	数 量					
	综合工日	工日	32.53	123.40	160.60	127.90	127.90	130.90	133.10
材料	邻苯型不饱和聚酯树脂胶泥	m^3	9509.13	0.876	1.416	0.607	0.649	0.615	0.66
	瓷砖 230×113×65	块	4.20	3800.00	6450.00	—	—	—	—
	瓷板 150×150×20/30	块	1.56/2.00	—	—	4490.00	4470.00	—	—
	瓷板 180×110×20/30	块	1.41/1.80	—	—	—	—	5080.00	5060.00
	陶板 150×150×20/30	块	0.45/0.58	—	—	—	—	—	—
	树脂底料	m^3	45493.50	0.20	0.20	0.20	0.20	0.20	0.20
	水	m^3	7.00	6.00	8.00	5.00	5.00	5.00	5.00
	其他材料费占材料费	元	%	1.00	1.00	1.00	1.00	1.00	1.00
小计				33765.00	50206.72	22129.24	24487.58	22086.54	24762.90
机械	搅拌机 200L	台班	46.05	4.00	4.00	4.00	4.00	4.00	4.00

表 7.4.8-2

	编 号			T561	T562	T563	T564	T565	T566
人工	名 称	单位	单 价	数 量					
	综合工日	工日	32.53	127.70	128.70	130.90	133.10	116.60	116.60
材料	邻苯型不饱和聚酯树脂胶泥	m^3	9509.13	0.607	0.649	0.883	0.957	0.91	0.944
	瓷砖 230×113×65	块	4.20	—	—	—	—	—	—
	瓷板 150×150×20/30	块	1.56/2.00	—	—	—	—	—	—
	瓷板 180×110×20/30	块	1.41/1.50	—	—	—	—	—	—
	陶板 150×150×20/30	块	0.45/0.58	4490.00	4470.00	—	—	—	—
	铸石板 180×110×20/30	块	1.39/1.43	—	—	4940.00	4920.00	—	—
	铸石板 300×200×20/30	块	2.98/3.64	—	—	—	—	1700.00	1700.00
	树脂底料	m^3	45493.50	0.20	0.20	0.20	0.20	0.20	0.20
	水	m^3	7.00	5.00	5.00	5.00	5.00	5.00	5.00
	其他材料费占材料费	元	%	1.00	1.00	1.00	1.00	1.00	1.00
小计				17095.50	18076.70	24640.83	25522.23	23081.54	24541.30
机械	搅拌机 200L	台班	46.05	4.00	4.00	4.00	4.00	4.00	4.00

7.4.9 立面水玻璃胶泥砌块料

表 7.4.9-1

	编号			T567	T568	T569	T570	T571	T572
人工	名称	单位	单价	数量					
	综合工日	工日	32.53	123.40	160.60	127.80	127.90	130.90	133.10
材料	水玻璃胶泥	m^3	2854.00	1.043	1.829	0.607	0.649	0.615	0.66
	稀胶泥	m^3	3439.60	0.21	0.21	0.21	0.21	0.21	0.21
	瓷砖 230×113×65	块	4.20	3710.00	6210.00	—	—	—	—
	瓷板 150×150×20/30	块	1.56/2.00	—	—	4490.00	4470.00	—	—
	瓷板 180×110×20/30	块	1.41/1.80	—	—	—	—	5080.00	5060.00
	陶板 150×150×20/30	块	0.45/0.58	—	—	—	—	—	—
	水	m^3	7.00	6.00	8.00	5.00	5.00	5.00	5.00
	其他材料费占材料费	元	%	1.00	1.00	1.00	1.00	1.00	1.00
小计				19516.27	32401.09	9286.04	11665.06	9772.08	11866.45
机械	搅拌机 200L	台班	46.05	4.00	4.00	4.00	4.00	4.00	4.00

	编号			T573	T574				
人工	名称	单位	单价	数量					
	综合工日	工日	32.53	127.70	128.70				
材料	水玻璃胶泥	m^3	2854.00	0.607	0.649				
	稀胶泥	m^3	3439.60	0.21	0.21				
	瓷砖 230×113×65	块	4.20	—	—				
	瓷板 150×150×20/30	块	1.56/2.00	—	—				
	瓷板 180×110×20/30	块	1.41/1.80	—	—				
	陶板 150×150×20/30	块	0.45/0.58	4490.00	4470.00				
	水	m^3	7.00	5.00	5.00				
	其他材料费占材料费	元	%	1.00	1.00				
小计				4555.30	5254.19				
机械	搅拌机 200L	台班	46.05	4.00	4.00				

表 7.4.9-2

编号				T575	T576	T577	T578	T579	T580
人工	名称	单位	单价	数量					
	综合工日	工日	32.53	130.90	133.10	116.60	116.60	117.50	117.50
材料	水玻璃胶泥	m^3	2854.00	0.749	0.809	1.015	1.048	1.273	1.347
	稀胶泥	m^3	3439.60	0.21	0.21	0.21	0.21	0.21	0.21
	铸石板 180×110×20/30	块	1.39/1.43	5010.00	4990.00	—	—	—	—
	铸石板 300×200×20/30	块	2.98/3.64	—	—	1700.00	1700.00	—	—
	花岗石 500×400×60/80	块	147.34/161.93	—	—	—	—	98.40	98.40
	花岗石 400×300×100/40	块	176.56/101.00	—	—	—	—	—	—
	水	m^3	7.00	5.00	5.00	5.00	5.00	6.00	6.00
	其他材料费占材料费	元	%	1.00	1.00	1.00	1.00	1.00	1.00
小计				9957.45	10303.93	8807.33	10035.68	19084.67	20747.99
机械	搅拌机 200L	台班	46.05	4.00	4.00	4.00	4.00	4.00	4.00

编号				T581	T582				
人工	名称	单位	单价	数量					
	综合工日	工日	32.53	116.80	116.80				
材料	水玻璃胶泥	m^3	2854.00	1.352	0.961				
	稀胶泥	m^3	3439.60	0.21	0.21				
	铸石板 180×110×20/30	块	1.39/1.43	—	—				
	铸石板 300×200×20/30	块	2.98/3.64	—	—				
	花岗石 500×400×60/80	块	147.34/161.93	—	—				
	花岗石 400×300×100/40	块	176.56/101.00	99.10	99.10				
	水	m^3	7.00	8.00	8.00				
	其他材料费占材料费	元	%	1.00	1.00				
小计				22355.36	13665.41				
机械	搅拌机 200L	台班	46.05	4.00	4.00				

7.4.10 立面水玻璃砂浆砌块料

表 7.4.10-1

	编号			T583	T584	T585	T586	T587	T588
人工	名称	单位	单价	数量					
	综合工日	工日	32.53	123.40	160.60	127.70	127.70	130.90	130.90
材料	水玻璃砂浆	m^3	1950.48	1.0604	1.73	0.7656	0.833	0.778	0.852
	稀胶泥	m^3	3439.60	0.21	0.21	0.21	0.21	0.21	0.21
	瓷砖 230×113×65	块	4.20	3670.00	6100.00	—	—	—	—
	瓷板 150×150×20/30	块	1.56/2.00	—	—	4380.00	4350.00	—	—
	瓷板 180×110×20/30	块	1.41/1.80	—	—	—	—	4940.00	4920.00
	陶板 150×150×20/30	块	0.45/0.58	—	—	—	—	—	—
	水	m^3	7.00	6.00	8.00	5.00	5.00	5.00	5.00
	其他材料费占材料费	元	%	1.00	1.00	1.00	1.00	1.00	1.00
小计				18429.07	30070.37	9174.24	11192.89	9332.59	11387.88
机械	搅拌机 200L	台班	46.05	4.00	4.00	4.00	4.00	4.00	4.00

	编号			T589	T590				
人工	名称	单位	单价	数量					
	综合工日	工日	32.53	127.70	127.70				
材料	水玻璃砂浆	m^3	1950.48	0.766	0.833				
	稀胶泥	m^3	3439.60	0.21	0.21				
	瓷砖 230×113×65	块	4.20	—	—				
	瓷板 150×150×20/30	块	1.56/2.00	—	—				
	瓷板 180×110×20/30	块	1.41/1.80	—	—				
	陶板 150×150×20/30	块	0.45/0.58	4380.00	4350.00				
	水	m^3	7.00	5.00	5.00				
	其他材料费占材料费	元	%	1.00	1.00				
小计				4264.61	4954.12				
机械	搅拌机 200L	台班	46.05	4.00	4.00				

表 7.4.10-2

编号				T591	T592	T593	T594	T595	T596
人工	名称	单位	单价	数量					
	综合工日	工日	32.53	130.90	130.90	116.60	116.60	117.50	117.50
材料	水玻璃砂浆	m^3	1950.48	0.778	0.852	1.063	1.122	1.642	1.735
	稀胶泥	m^3	3439.60	0.21	0.21	0.21	0.21	0.21	0.21
	铸石板 180×110×20/30	块	1.39/1.43	4940.00	4920.00	—	—	—	—
	铸石板 300×200×20/30	块	2.98/3.64	—	—	1670.00	1670.00	—	—
	花岗石 500×400×60/80	块	147.34/161.93	—	—	—	—	97.60	97.60
	花岗石 400×300×100/40	块	176.56/101.00	—	—	—	—	—	—
	水	m^3	7.00	5.00	5.00	5.00	5.00	6.00	6.00
	其他材料费占材料费	元	%	1.00	1.00	1.00	1.00	1.00	1.00
小计				9232.80	9549.27	7885.35	9114.80	18530.86	20152.29
机械	搅拌机 200L	台班	46.05	4.00	4.00	4.00	4.00	4.00	4.00

编号				T597	T598
人工	名称	单位	单价	数量	
	综合工日	工日	32.53	116.80	116.80
材料	水玻璃砂浆	m^3	1950.48	1.96	1.603
	稀胶泥	m^3	3439.60	0.21	0.21
	铸石板 180×110×20/30	块	1.39/1.43	—	—
	铸石板 300×200×20/30	块	2.98/3.64	—	—
	花岗石 500×400×60/80	块	147.34/161.93	—	—
	花岗石 400×300×100/40	块	176.56/101.00	96.30	96.30
	水	m^3	7.00	8.00	8.00
	其他材料费占材料费	元	%	1.00	1.00
小计				21820.02	13767.55
机械	搅拌机 200L	台班	46.05	4.00	4.00

7.4.11 立面沥青胶泥砌块料

表 7.4.11

	编　号			T599	T600	T601	T602	T603	T604
人工	名　称	单位	单　价	数　量					
	综合工日	工日	32.53	124.30	160.60	127.60	127.60	127.60	127.60
材料	沥青胶泥	m^3	1516.20	1.064	1.730	0.765	0.833	0.765	0.833
	瓷砖 230×113×65	块	4.20	3760.00	6330.00	—	—	—	—
	瓷板 150×150×20/30	块	1.56/2.00	—	—	4380.00	4350.00	—	—
	陶板 150×150×20/30	块	0.45/0.58	—	—	—	—	4380.00	4350.00
	铸石板 180×110×20/30	块	1.39/1.43	—	—	—	—	—	—
	冷底子油 30:70	kg	3.11	84.00	84.00	84.00	84.00	84.00	84.00
	木柴	kg	0.25	258.00	355.00	154.00	221.00	154.00	221.00
	水	m^3	7.00	6.00	8.00	5.00	5.00	5.00	5.00
	其他材料费占材料费	元	%	1.00	1.00	1.00	1.00	1.00	1.00
小计				17950.71	29911.17	8410.71	10417.63	3500.29	4178.86
机械	搅拌机 200L	台班	46.05	4.00	4.00	4.00	4.00	4.00	4.00

	编　号			T605	T606				
人工	名　称	单位	单　价	数　量					
	综合工日	工日	32.53	130.90	130.90				
材料	沥青胶泥	m^3	1516.20	0.967	0.996				
	瓷砖 230×113×65	块	4.20	—	—				
	瓷板 150×150×20/30	块	1.56/2.00	—	—				
	陶板 150×150×20/30	块	0.45/0.58	—	—				
	铸石板 180×110×20/30	块	1.39/1.43	4740.00	4720.00				
	冷底子油 30:70	kg	3.11	84.00	84.00				
	木柴	kg	0.25	202.00	280.00				
	水	m^3	7.00	5.00	5.00				
	其他材料费占材料费	元	%	1.00	1.00				
小计				8485.52	8712.23				
机械	搅拌机 200L	台班	46.05	4.00	4.00				

7.5 池、沟、槽块料砌筑面层

7.5.1 池、沟、槽环氧胶泥、环氧煤焦油胶泥砌块料

表 7.5.1-1

	编号			T607	T608	T609	T610	T611	T612
人工	名称	单位	单价	数量					
	综合工日	工日	32.53	123.40	160.60	216.00	127.80	127.90	130.90
材料	环氧树脂胶泥	m^3	21593.00	0.876	1.416	2.10	0.607	0.649	0.615
	瓷砖 230×113×65	块	4.20	3800.00	6450.00	13390.00	—	—	—
	瓷板 150×150×20/30	块	1.56/2.00	—	—	—	4490.00	4470.00	—
	瓷板 180×110×20/30	块	1.41/1.80	—	—	—	—	—	5080.00
	铸石板 180×110×20/30	块	1.39/1.43	—	—	—	—	—	—
	树脂底料	m^3	45493.50	0.20	0.20	0.20	0.20	0.20	0.20
	水	m^3	7.00	6.00	6.00	10.00	5.00	5.00	5.00
	其他材料费占材料费	元	%	1.00	1.00	1.00	1.00	1.00	1.00
小计				44456.33	67474.45	111859.52	29537.50	32408.43	29871.96
机械	搅拌机 200L	台班	46.05	4.00	4.00	4.00	4.00	4.00	4.00

表 7.5.1-2

	编号			T613	T614	T615	T616	T617	T618
人工	名称	单位	单价	数量					
	综合工日	工日	32.53	133.10	130.90	133.10	123.40	160.60	216.00
材料	环氧树脂胶泥	m^3	21593.00	0.66	0.883	0.957	—	—	—
	环氧煤焦油树脂胶泥	m^3	17600.00	—	—	—	0.876	1.416	2.10
	瓷砖 230×113×65	块	4.20	—	—	—	3800.00	6450.00	13390.00
	瓷板 150×150×20/30	块	1.56/2.00	—	—	—	—	—	—
	瓷板 180×110×20/30	块	1.41/1.80	5060.00	—	—	—	—	—
	铸石板 180×110×20/30	块	1.39/1.43	—	4940.00	4920.00	—	—	—
	树脂底料	m^3	45493.50	0.20	0.20	0.20	0.20	0.20	0.20
	水	m^3	7.00	5.00	5.00	5.00	6.00	6.00	10.00
	其他材料费占材料费	元	%	1.00	1.00	1.00	1.00	1.00	1.00
小计				32818.01	35417.59	37202.13	40923.48	61763.82	103390.39
机械	搅拌机 200L	台班	46.05	4.00	4.00	4.00	4.00	4.00	4.00

表 7.5.1-3

	编　　号			T619	T620	T621	T622	T623	T624
人工	名　　称	单位	单　价	数		量			
	综合工日	工日	32.53	127.80	127.90	130.90	133.10	130.90	133.10
材料	环氧煤焦油树脂胶泥	m^3	17600.00	0.607	0.649	0.615	0.66	0.883	0.957
	瓷砖 230×113×65	块	4.20	—	—	—	—	—	—
	瓷板 150×150×20/30	块	1.56/2.00	4490.00	4470.00	—	—	—	—
	瓷板 180×110×20/30	块	1.41/1.80	—	—	5080.00	5060.00	—	—
	铸石板 180×110×20/30	块	1.39/1.43	—	—	—	—	4940.00	4920.00
	树脂底料	m^3	45493.50	0.20	0.20	0.20	0.20	0.20	0.20
	水	m^3	7.00	5.00	5.00	5.00	5.00	5.00	5.00
	其他材料费占材料费	元	%	1.00	1.00	1.00	1.00	1.00	1.00
小计				27089.51	29791.06	27391.71	30156.28	31856.51	33342.63
机械	搅拌机 200L	台班	46.05	4.00	4.00	4.00	4.00	4.00	4.00

7.5.2　池、沟、槽环氧酚醛、环氧呋喃胶泥砌块料

表 7.5.2-1

	编　　号			T625	T626	T627	T628	T629	T630
人工	名　　称	单位	单　价	数		量			
	综合工日	工日	32.53	123.40	160.60	216.00	127.80	127.90	130.90
材料	环氧酚醛树脂胶泥	m^3	18219.50	0.876	1.416	2.10	0.607	0.649	0.615
	瓷砖 230×113×65	块	4.20	3800.00	6450.00	13390.00	—	—	—
	瓷板 150×150×20/30	块	1.56/2.00	—	—	—	4490.00	4470.00	—
	瓷板 180×110×20/30	块	1.41/1.80	—	—	—	—	—	5080.00
	铸石板 180×110×20/30	块	1.39/1.43	—	—	—	—	—	—
	树脂底料	m^3	45493.50	0.20	0.20	0.20	0.20	0.20	0.20
	水	m^3	7.00	6.00	6.00	10.00	5.00	5.00	5.00
	其他材料费占材料费	元	%	1.00	1.00	1.00	1.00	1.00	1.00
小计				41471.58	62649.81	104704.32	27469.31	30197.14	27776.51
机械	搅拌机 200L	台班	46.05	4.00	4.00	4.00	4.00	4.00	4.00

表 7.5.2-2

编号				T631	T632	T633	T634	T635	T636
	名称	单位	单价	数量					
人工	综合工日	工日	32.53	133.10	130.90	133.10	123.40	160.60	216.00
材料	环氧酚醛树脂胶泥	m^3	18219.50	0.66	0.883	0.957	—	—	—
	环氧呋喃树脂胶泥	m^3	21757.00	—	—	—	0.876	1.416	2.10
	瓷砖 230×113×65	块	4.20	—	—	—	3800.00	6450.00	13390.00
	瓷板 150×150×20/30	块	1.56/2.00	—	—	—	—	—	—
	瓷板 180×110×20/30	块	1.41/1.80	5060.00	—	—	—	—	—
	铸石板 180×110×20/30	块	1.39/1.43	—	4940.00	4920.00	—	—	—
	树脂底料	m^3	45493.50	0.20	0.20	0.20	0.20	0.20	0.20
	水	m^3	7.00	5.00	5.00	5.00	6.00	6.00	10.00
	其他材料费占材料费	元	%	1.00	1.00	1.00	1.00	1.00	1.00
小计				30569.24	32409.00	33941.42	44601.43	67709.00	112207.36
机械	搅拌机 200L	台班	46.05	4.00	4.00	4.00	4.00	4.00	4.00

表 7.5.2-3

编号				T637	T638	T639	T640	T641	T642
	名称	单位	单价	数量					
人工	综合工日	工日	32.53	127.80	127.90	130.90	133.10	130.90	133.10
材料	环氧呋喃树脂胶泥	m^3	21757.00	0.607	0.649	0.615	0.66	0.883	0.957
	瓷砖 230×113×65	块	4.20	—	—	—	—	—	—
	瓷板 150×150×20/30	块	1.56/2.00	4490.00	4470.00	—	—	—	—
	瓷板 180×110×20/30	块	1.41/1.80	—	—	5080.00	5060.00	—	—
	铸石板 180×110×20/30	块	1.39/1.43	—	—	—	—	4940.00	4920.00
	树脂底料	m^3	45493.50	0.20	0.20	0.20	0.20	0.20	0.20
	水	m^3	7.00	5.00	5.00	5.00	5.00	5.00	5.00
	其他材料费占材料费	元	%	1.00	1.00	1.00	1.00	1.00	1.00
小计				29638.04	32515.93	29973.83	32927.33	35563.85	37360.66
机械	搅拌机 200L	台班	46.05	4.00	4.00	4.00	4.00	4.00	4.00

7.5.3 池、沟、槽酚醛胶泥、YJ 呋喃胶泥砌块料

表 7.5.3-1

	编号			T643	T644	T645	T646	T647	T648
人工	名称	单位	单价	数量					
	综合工日	工日	32.53	123.40	160.60	216.00	127.80	127.90	130.90
材料	酚醛树脂胶泥	m^3	9482.80	0.876	1.416	2.10	0.607	0.649	0.615
	瓷砖 230×113×65	块	4.20	3800.00	6450.00	13390.00	—	—	—
	瓷板 150×150×20/30	块	1.56/2.00	—	—	—	4490.00	4470.00	—
	瓷板 180×110×20/30	块	1.41/1.80	—	—	—	—	—	5080.00
	铸石板 180×110×20/30	块	1.39/1.43	—	—	—	—	—	—
	树脂底料	m^3	45493.50	0.20	0.20	0.20	0.20	0.20	0.20
	水	m^3	7.00	6.00	6.00	10.00	5.00	5.00	5.00
	其他材料费占材料费	元	%	1.00	1.00	1.00	1.00	1.00	1.00
小计				33741.71	50154.93	86173.79	22113.10	24470.32	22349.71
机械	搅拌机 200L	台班	46.05	4.00	4.00	4.00	4.00	4.00	4.00

表 7.5.3-2

	编号			T649	T650	T651	T652	T653	T654
人工	名称	单位	单价	数量					
	综合工日	工日	32.53	133.10	130.90	133.10	123.40	160.60	216.00
材料	酚醛树脂胶泥	m^3	9482.80	0.66	0.883	0.957	—	—	—
	YJ 呋喃树脂胶泥	m^3	18620.00	—	—	—	0.876	1.416	2.10
	瓷砖 230×113×65	块	4.20	—	—	—	3800.00	6450.00	13390.00
	瓷板 150×150×20/30	块	1.56/2.00	—	—	—	—	—	—
	瓷板 180×110×20/30	块	1.41/1.80	5060.00	—	—	—	—	—
	铸石板 180×110×20/30	块	1.39/1.43	—	4940.00	4920.00	—	—	—
	树脂底料	m^3	45493.50	0.20	0.20	0.20	0.20	0.20	0.20
	水	m^3	7.00	5.00	5.00	5.00	6.00	6.00	10.00
	其他材料费占材料费	元	%	1.00	1.00	1.00	1.00	1.00	1.00
小计				24745.35	24617.35	25496.78	41825.94	63222.59	105553.79
机械	搅拌机 200L	台班	46.05	4.00	4.00	4.00	4.00	4.00	4.00

表 7.5.3-3

	编　号			T655	T656	T657	T658	T659	T660
人工	名　称	单位	单　价	数			量		
	综合工日	工日	32.53	127.80	127.90	130.90	133.10	130.90	133.10
材料	YJ 呋喃树脂胶泥	m^3	18620.00	0.607	0.649	0.615	0.66	0.883	0.957
	瓷砖 230×113×65	块	4.20	—	—	—	—	—	—
	瓷板 150×150×20/30	块	1.56/2.00	4490.00	4470.00	—	—	—	—
	瓷板 180×110×20/30	块	1.41/1.80	—	—	5080.00	5060.00	—	—
	铸石板 180×110×20/30	块	1.39/1.43	—	—	—	—	4940.00	4920.00
	树脂底料	m^3	45493.50	0.20	0.20	0.20	0.20	0.20	0.20
	水	m^3	7.00	5.00	5.00	5.00	5.00	5.00	5.00
	其他材料费占材料费	元	%	1.00	1.00	1.00	1.00	1.00	1.00
小计				27714.84	30459.66	28025.28	30836.21	36977.88	34328.53
机械	搅拌机 200L	台班	46.05	4.00	4.00	4.00	4.00	4.00	4.00

7.5.4 池、沟、槽双酚 A 型不饱和聚酯胶泥、邻苯型不饱和聚酯胶泥砌块料

表 7.5.4-1

	编　号			T661	T662	T663	T664	T665	T666
人工	名　称	单位	单　价	数			量		
	综合工日	工日	32.53	123.40	160.60	216.00	127.80	127.90	130.90
材料	双酚 A 型不饱和聚酯树脂胶泥	m^3	15055.70	0.876	1.416	2.10	0.607	0.649	0.615
	瓷砖 230×113×65	块	4.20	3800.00	6450.00	13390.00	—	—	—
	瓷板 150×150×20/30	块	1.56/2.00	—	—	—	4490.00	4470.00	—
	瓷板 180×110×20/30	块	1.41/1.80	—	—	—	—	—	5080.00
	铸石板 180×110×20/30	块	1.39/1.43	—	—	—	—	—	—
	树脂底料	m^3	45493.50	0.20	0.20	0.20	0.20	0.20	0.20
	水	m^3	7.00	6.00	6.00	10.00	5.00	5.00	5.00
	其他材料费占材料费	元	%	1.00	1.00	1.00	1.00	1.00	1.00
小计				38672.39	58125.07	97993.91	25529.68	28123.30	25811.31
机械	搅拌机 200L	台班	46.05	4.00	4.00	4.00	4.00	4.00	4.00

表 7.5.4-2

编号				T667	T668	T669	T670	T671	T672
人工	名称	单位	单价	数量					
	综合工日	工日	32.53	133.10	130.90	133.10	123.40	160.60	216.00
材料	双酚A型不饱和聚酯树脂胶泥	m^3	15055.70	0.66	0.883	0.957	—	—	—
	邻苯型不饱和聚酯树脂胶泥	m^3	9509.13	—	—	—	0.876	1.416	2.10
	瓷砖 230×113×65	块	4.20	—	—	—	3800.00	6450.00	13390.00
	瓷板 150×150×20/30	块	1.56/2.00	—	—	—	—	—	—
	瓷板 180×110×20/30	块	1.41/1.80	5060.00	—	—	—	—	—
	铸石板 180×110×20/30	块	1.39/1.43	—	4940.00	4920.00	—	—	—
	树脂底料	m^3	45493.50	0.20	0.20	0.20	0.20	0.20	0.20
	水	m^3	7.00	5.00	5.00	5.00	6.00	6.00	10.00
	其他材料费占材料费	元	%	1.00	1.00	1.00	1.00	1.00	1.00
小计				28460.25	29587.42	30883.38	33764.12	50192.58	86229.63
机械	搅拌机 200L	台班	46.05	4.00	4.00	4.00	4.00	4.00	4.00

表 7.5.4-3

编号				T673	T674	T675	T676	T677	T678
人工	名称	单位	单价	数量					
	综合工日	工日	32.53	127.80	127.90	130.90	133.10	130.90	133.10
材料	邻苯型不饱和聚酯树脂胶泥	m^3	9509.13	0.607	0.649	0.615	0.66	0.883	0.957
	瓷砖 230×113×65	块	4.20	—	—	—	—	—	—
	瓷板 150×150×20/30	块	1.56/2.00	4490.00	4470.00	—	—	—	—
	瓷板 180×110×20/30	块	1.41/1.80	—	—	5080.00	5060.00	—	—
	铸石板 180×110×20/30	块	1.39/1.43	—	—	—	—	4940.00	4920.00
	树脂底料	m^3	45493.50	0.20	0.20	0.20	0.20	0.20	0.20
	水	m^3	7.00	5.00	5.00	5.00	5.00	5.00	5.00
	其他材料费占材料费	元	%	1.00	1.00	1.00	1.00	1.00	1.00
小计				22129.24	24487.58	24367.07	24762.90	24640.83	25522.23
机械	搅拌机 200L	台班	46.05	4.00	4.00	4.00	4.00	4.00	4.00

7.5.5 池、沟、槽水玻璃胶泥砌块料

表 7.5.5-1

	编　号			T679	T680	T681	T682	T683	T684
	名　称	单位	单　价	数　量					
人工	综合工日	工日	32.53	123.40	160.60	216.00	127.80	127.90	130.90
材料	水玻璃胶泥	m^3	2854.00	1.043	1.829	2.11	0.607	0.649	0.615
	稀胶泥	m^3	3439.60	0.21	0.21	0.21	0.21	0.21	0.21
	瓷砖 230×113×65	块	4.20	3710.00	6210.00	12950.00	—	—	—
	瓷板 150×150×20/30	块	1.56/2.00	—	—	—	4490.00	4470.00	—
	瓷板 180×110×20/30	块	1.41/1.80	—	—	—	—	—	5080.00
	水	m^3	7.00	6.00	8.00	10.00	5.00	5.00	5.00
	其他材料费占材料费	元	%	1.00	1.00	1.00	1.00	1.00	1.00
小计				19516.27	32401.08	61816.30	9589.03	11665.06	9772.08
机械	搅拌机 200L	台班	46.05	4.00	4.00	4.00	4.00	4.00	4.00

表 7.5.5-2

	编　号			T685	T686	T687	T688	T689	T690
	名　称	单位	单　价	数　量					
人工	综合工日	工日	32.53	133.10	130.90	133.10	133.00	133.00	117.50
材料	水玻璃胶泥	m^3	2854.00	0.66	0.749	0.809	1.015	1.048	1.273
	稀胶泥	m^3	3439.60	0.21	0.21	0.21	0.21	0.21	0.21
	瓷砖 150×150×20/30	块	1.56/2.00	—	—	—	—	—	—
	瓷板 180×110×20/30	块	1.41/1.80	5060.00	—	—	—	—	—
	铸石板 180×110×20/30	块	1.39/1.43	—	5010.00	4490.00	—	—	—
	铸石板 300×200×20/30	块	2.98/3.64	—	—	—	1700.00	1700.00	—
	花岗石 500×400×60/80	块	147.34/161.93	—	—	—	—	—	98.40
	花岗石 400×300×100/40	块	176.56/101.00	—	—	—	—	—	—
	水	m^3	7.00	5.00	5.00	5.00	5.00	5.00	6.00
	其他材料费占材料费	元	%	1.00	1.00	1.00	1.00	1.00	1.00
小计				11866.45	9957.45	9581.77	8807.33	10035.67	19084.67
机械	搅拌机 200L	台班	46.05	4.00	4.00	4.00	4.00	4.00	4.00

表 7.5.5-3

编　号				T691	T692	T693			
人工	名　称	单位	单　价			数　量			
	综合工日	工日	32.53	117.50	116.80	116.80			
材料	水玻璃胶泥	m^3	2854.00	1.347	1.352	0.961			
	稀胶泥	m^3	3439.60	0.21	0.21	0.21			
	花岗石 500×400×60/80	块	147.34/161.93	98.40	—	—			
	花岗石 400×300×100/40	块	176.58/101.00	—	99.10	99.10			
	水	m^3	7.00	6.00	8.00	8.00			
	其他材料费占材料费	元	%	1.00	1.00	1.00			
小计				20747.99	22357.36	13665.41			
机械	搅拌机 200L	台班	46.05	4.00	4.00	4.00			

7.5.6 池、沟、槽沥青胶泥砌块料

表 7.5.6

编　号				T694	T695	T696	T697	T698	T699
人工	名　称	单位	单　价			数　量			
	综合工日	工日	32.53	124.30	160.60	127.60	127.60	130.90	130.90
材料	沥青胶泥	m^3	1516.20	1.064	1.73	0.765	0.833	0.967	0.966
	瓷砖 230×113×65	块	4.20	3760.00	6330.00	—	—	—	—
	瓷板 150×150×20/30	块	1.56/2.00	—	—	4380.00	4350.00	—	—
	铸石板 180×110×20/30	块	1.39/1.43	—	—	—	—	4740.00	4720.00
	冷底子油 30:70	kg	3.11	84.00	84.00	84.00	84.00	84.00	84.00
	木柴	kg	0.25	258.00	355.00	154.00	221.00	202.00	280.00
	水	m^3	7.00	6.00	8.00	5.00	5.00	5.00	5.00
	其他材料费占材料费	元	%	1.00	1.00	1.00	1.00	1.00	1.00
小计				17950.81	29911.17	8410.71	10417.63	8485.52	8666.29
机械	搅拌机 200L	台班	46.05	4.00	4.00	4.00	4.00	4.00	4.00

7.5.7 水玻璃砂浆结合层砌块料

表 7.5.7-1

编号				T700	T701	T702	T703	T704	T705
人工	名称	单位	单价	数量					
	综合工日	工日	32.53	123.40	160.60	127.60	127.70	130.90	133.10
材料	水玻璃砂浆	m^3	1950.48	0.789	1.201	0.607	0.649	0.615	0.66
	稀胶泥	m^3	3439.60	0.21	0.21	0.21	0.21	0.21	0.21
	瓷砖 230×113×65	块	4.20	3850.00	6570.00	—	—	—	—
	瓷板 150×150×20/30	块	1.56/2.00	—	—	4490.00	4470.00	—	—
	瓷板 180×110×20/30	块	1.41/1.80	—	—	—	—	5080.00	5060.00
	水	m^3	7.00	6.00	8.00	5.00	5.00	5.00	5.00
	其他材料费占材料费	元	%	1.00	1.00	1.00	1.00	1.00	1.00
小计				18657.98	31021.99	9035.11	11072.81	9210.86	11264.16
机械	搅拌机 200L	台班	46.05	4.00	4.00	4.00	4.00	4.00	4.00

表 7.5.7-2

编号				T706	T707	T708	T709	T710	T711
人工	名称	单位	单价	数量					
	综合工日	工日	32.53	130.90	133.10	133.00	133.00	116.60	116.60
材料	水玻璃砂浆	m^3	1950.48	0.883	0.957	1.063	1.122	1.642	1.735
	稀胶泥	m^3	3439.60	0.21	0.21	0.21	0.21	0.21	0.21
	铸石板 180×110×20/30	块	1.39/1.43	4940.00	4920.00	—	—	—	—
	铸石板 300×200×20/30	块	2.98/3.64	—	—	1670.00	1670.00	—	—
	花岗石 500×400×60/80	块	147.34/161.93	—	—	—	—	98.00	98.00
	花岗石 400×300×100/40	块	176.56/101.00	—	—	—	—	—	—
	水	m^3	7.00	5.00	5.00	5.00	5.00	6.00	6.00
	其他材料费占材料费	元	%	1.00	1.00	1.00	1.00	1.00	1.00
小计				9439.65	9756.12	7885.35	9114.80	18590.39	20217.71
机械	搅拌机 200L	台班	46.05	4.00	4.00	4.00	4.00	4.00	4.00

表 7.5.7-3

编　号				T712	T713	T714	T715		
人工	名　称	单位	单　价	数			量		
	综合工日	工日	32.53	116.80	117.70	6.60	3.77		
材料	水玻璃砂浆	m^3	1950.48	1.96	1.288	—	—		
	稀胶泥	m^3	3439.60	0.21	0.21	—	—		
	铸石板 180×110×20/30	块	1.39/1.43	—	—	—	—		
	铸石板 300×200×20/30	块	2.98/3.64	—	—	—	—		
	花岗石 500×400×60/80	块	147.34/161.93	—	—	—	—		
	花岗石 400×300×100/40	块	176.56/101.00	96.30	96.30	—	—		
	水	m^3	7.00	8.00	8.00	—	—		
	硫酸	kg	2.50	—	—	45.00	—		
	碳化硅砂轮片（ϕ400×25×3～4mm）	片	16.85	—	—	—	0.20		
	其他材料费占材料费	元	%	1.00	1.00	—	—		
小计				21820.02	13147.00	112.50	3.37		
机械	搅拌机 200L	台班	46.05	4.00	4.00	—	—		
	砌砖机 1.7kW	台班	52.77	—	—	—	1.80		

8. 涂料面层指标计算附表

8.1 聚氨酯漆

金 属 结 构　　表 8.1-1

	编 号			T716	T717	T718	T719	T720	
人工	名 称	单位	单价	数 量					
	综合工日	工日	32.53	0.29	0.29	0.22	0.22	0.21	
材料	聚氨酯底漆	kg	9.38	0.56	0.56	—	—	—	
	聚氨酯磁漆	kg	13.00	—	—	0.47	0.40	0.66	
	二甲苯	kg	3.20	0.20	0.20	0.21	0.21	0.21	
	其他材料费占材料费	元	%	3.00	3.00	3.00	3.00	3.00	
小计				6.07	6.07	6.99	6.05	9.53	
机械									

混 凝 土 面　　表 8.1-2

	编 号			T721	T722	T723	T724	T725	T726
人工	名 称	单位	单价	数 量					
	综合工日	工日	32.53	4.40	4.60	4.70	3.50	3.50	3.50
材料	聚氨酯清漆	kg	18.00	15.00	—	—	—	—	—
	聚氨酯腻子	kg	7.14	—	15.00	—	—	—	—
	聚氨酯底漆	kg	9.38	—	—	13.00	—	—	—
	聚氨酯磁漆	kg	13.00	—	—	—	9.80	—	—
	聚氨酯面漆	kg	13.00	—	—	—	—	13.00	13.00
	二甲苯	kg	3.20	6.30	6.30	3.80	3.80	3.80	3.80
	其他材料费占材料费	元	%	3.00	3.00	3.00	3.00	3.00	3.00
小计				298.86	131.08	138.12	143.75	186.59	186.59
机械									

表 8.1-3

	编　号			T727	T728	T729	T730	T731	T732
人工	名　称	单位	单价	数	量				
	综合工日	工日	32.53	4.10	4.30	4.20	3.20	3.20	3.20
材料	聚氨酯清漆	kg	18.00	13.90	—	—	—	—	—
	聚氨酯腻子	kg	7.14	—	13.90	—	—	—	—
	聚氨酯底漆	kg	9.38	—	—	12.00	—	—	—
	聚氨酯磁漆	kg	13.00	—	—	—	9.00	6.60	12.00
	二甲苯	kg	3.20	6.30	6.30	3.70	3.70	3.70	3.70
	其他材料费占材料费	元	%	3.00	3.00	3.00	3.00	3.00	3.00
小计				278.47	122.99	128.13	132.71	100.57	172.88
机械									

8.2 氯磺化聚乙烯漆

金属结构面 表 8.2-1

	编　号			T733	T734	T735	T736	
人工	名　称	单位	单价	数	量			
	综合工日	工日	32.53	0.64	0.53	0.53	0.50	
材料	氯磺化聚乙烯底漆	kg	17.00	1.22	—	—	—	
	氯磺化聚乙烯中间漆	kg	17.00	—	1.06	0.90	—	
	氯磺化聚乙烯面漆	kg	17.00	—	—	—	0.90	
	氯磺化稀释剂	kg	15.00	0.29	0.28	0.28	0.29	
	其他材料费占材料费	元	%	3.00	3.00	3.00	3.00	
小计				25.84	22.89	20.09	20.24	
机械								

混 凝 土 面 表8.2-2

	编 号			T737	T738	T739	T740		
人工	名 称	单位	单价	数 量					
	综合工日	工日	32.53	10.40	8.50	8.50	7.60		
材料	氯磺化聚乙烯底漆	kg	17.00	28.00	25.00	—	—		
	氯磺化聚乙烯中间漆	kg	17.00	—	—	24.00	—		
	氯磺化聚乙烯面漆	kg	17.00	—	—	—	26.00		
	氯磺化聚乙烯稀释剂	kg	15.00	5.60	5.00	4.30	5.20		
	其他材料费占材料费	元	%	3.00	3.00	3.00	3.00		
小计				576.80	515.00	486.68	535.60		
机械									

灰 面 表8.2-3

	编 号			T741	T742	T743			
人工	名 称	单位	单价	数 量					
	综合工日	工日	32.53	9.30	7.60	6.80			
材料	氯磺化聚乙烯底漆	kg	17.00	28.00	—	—			
	氯磺化聚乙烯中间漆	kg	17.00	—	24.00	—			
	氯磺化聚乙烯面漆	kg	17.00	—	—	26.00			
	氯磺化聚乙烯稀释剂	kg	15.00	5.60	4.80	5.20			
	其他材料费占材料费	元	%	3.00	3.00	3.00			
小计				576.80	494.40	535.60			
机械									

8.3 漆酚树脂漆

金属结构面 表8.3-1

	编号			T744	T745	T746	T747	T748	T749
人工	名称	单位	单价	数量					
	综合工日	工日	32.53	0.31	0.30	0.22	0.22	0.21	0.20
材料	漆酚树脂漆	kg	18.00	0.63	0.60	0.58	0.52	0.52	0.49
	汽油 60# ~70#	kg	3.48	1.12	0.32	0.22	0.22	0.21	0.21
	石英粉	kg	0.50	0.32	0.30	0.17	0.15	—	—
	其他材料费占材料费	元	%	3.00	3.00	3.00	3.00	3.00	3.00
小计				15.86	12.43	11.63	10.51	10.39	9.84
机械									

混凝土面 表8.3-2

	编号			T750	T751	T752	T753	T754	T755
人工	名称	单位	单价	数量					
	综合工日	工日	32.53	4.60	4.60	3.30	3.30	3.20	3.10
材料	漆酚树脂漆	kg	18.00	14.90	5.10	13.40	12.10	12.30	11.60
	汽油 60# ~70#	kg	3.48	10.80	6.80	4.50	4.50	4.30	4.20
	石英粉	kg	0.50	7.60	7.20	4.10	3.50	—	—
	其他材料费占材料费	元	%	3.00	3.00	3.00	3.00	3.00	3.00
小计				318.87	122.64	266.68	242.27	243.45	230.12
机械									

灰　面　　表 8.3-3

编　号				T756	T757	T758	T759	T760	T761
人工	名　称	单位	单价	数　量					
	综合工日	工日	32.53	4.20	4.10	3.00	3.00	2.90	2.90
材料	漆酚树脂漆	kg	18.00	13.70	13.20	12.40	11.20	11.30	10.70
	汽油 60# ~ 70#	kg	3.48	10.40	6.50	4.40	4.30	4.20	4.20
	石英粉	kg	0.50	7.00	6.60	4.60	3.30	—	—
	其他材料费占材料费	元	%	3.00	3.00	3.00	3.00	3.00	3.00
小计				294.88	271.43	248.04	224.76	224.56	213.43
机械									

8.4　酚醛树脂漆

金属结构面　　表 8.4-1

编　号				T762	T763	T764	T765	T766	T767
人工	名　称	单位	单价	数　量					
	综合工日	工日	32.53	0.32	0.31	0.23	0.22	0.22	0.21
材料	酚醛树脂漆	kg	11.53	0.68	0.59	0.62	0.52	0.75	0.67
	石英粉	kg	0.50	0.17	0.15	0.06	0.05	—	—
	酒精	kg	5.10	0.27	0.25	0.20	0.19	0.17	0.16
	苯磺酰氯	kg	7.50	0.05	0.05	0.05	0.04	0.06	0.05
	汽油 60# ~ 70#	kg	3.48	1.50	—	—	—	—	—
	其他材料费占材料费	元	%	3.00	3.00	3.00	3.00	3.00	3.00
小计				15.34	8.78	8.83	7.51	10.26	9.18
机械									

混 凝 土 面　　表 8.4-2

编号				T768	T769	T770	T771	T772	T773
人工	名称	单位	单价	数量					
	综合工日	工日	32.53	4.80	4.70	3.50	3.50	3.30	3.20
材料	酚醛树脂漆	kg	11.53	16.40	13.90	13.80	13.70	17.50	15.70
	酒精	kg	5.10	7.70	3.70	4.70	4.80	3.50	3.30
	石英粉	kg	0.50	12.80	3.50	2.00	1.80	—	—
	苯磺酰氯	kg	7.50	1.30	1.20	1.10	1.00	1.40	1.30
	其他材料费占材料费	元	%	3.00	3.00	3.00	3.00	3.00	3.00
小计				251.85	195.58	198.10	196.57	237.03	213.83
机械									

灰 面　　表 8.4-3

编号				T774	T775	T776	T777	T778	T779
人工	名称	单位	单价	数量					
	综合工日	工日	32.53	4.40	4.30	3.20	3.20	3.00	3.00
材料	酚醛树脂漆	kg	11.53	15.20	12.90	12.70	12.60	13.80	13.80
	酒精	kg	5.10	5.50	5.30	4.50	4.10	4.00	3.20
	石英粉	kg	0.50	7.10	3.30	1.80	1.70	—	—
	苯磺酰氯	kg	7.50	1.20	1.10	1.10	1.00	1.20	1.20
	其他材料费占材料费	元	%	3.00	3.00	3.00	3.00	3.00	3.00
小计				222.33	191.24	183.89	179.77	194.17	189.97
机械									

8.5 环氧树脂漆

金属结构面 **表 8.5-1**

	编号			T780	T781	T782	T783		
人工	名称	单位	单价	数量					
	综合工日	工日	32.53	0.28	0.27	0.19	0.17		
材料	环氧树脂	kg	29.00	0.72	0.63	0.78	0.70		
	丙酮	kg	8.00	0.28	0.26	0.15	0.28		
	邻苯二甲酸二丁酯	kg	7.80	0.07	0.06	0.08	0.07		
	石英粉	kg	0.50	0.17	0.16	—	—		
	汽油 60# ~ 70#	kg	3.48	0.80	—	—	—		
	T31	kg	16.00	0.108	0.095	0.117	0.105		
	其他材料费占材料费	元	%	3.00	3.00	3.00	3.00		
小计				29.11	23.09	27.11	25.51		
机械									

混凝土面 **表 8.5-2**

	编号			T784	T785	T786	T787		
人工	名称	单位	单价	数量					
	综合工日	工日	32.53	4.20	4.00	3.00	2.80		
材料	环氧树脂	kg	29.00	17.10	14.30	18.20	16.40		
	丙酮	kg	8.00	6.00	5.50	3.20	5.80		
	邻苯二甲酸二丁酯	kg	7.80	1.70	1.60	1.90	1.60		
	石英粉	kg	0.50	4.20	3.80	—	—		
	T31	kg	16.00	2.57	2.15	2.73	2.46		
	其他材料费占材料费	元	%	3.00	3.00	3.00	3.00		
小计				618.39	522.70	630.26	591.06		
机械									

灰 面 表 8.5-3

	编 号			T788	T789	T790	T791		
人工	名 称	单位	单价			数	量		
	综合工日	工日	32.53	3.80	3.60	2.70	2.60		
材料	环氧树脂	kg	29.00	15.90	13.60	16.80	15.10		
	丙酮	kg	8.00	5.70	5.30	3.10	5.60		
	邻苯二甲酸二丁酯	kg	7.80	1.60	1.40	1.70	1.40		
	石英粉	kg	0.50	3.80	3.50	—	—		
	T31	kg	16.00	2.39	2.04	2.52	2.27		
	其他材料费占材料费	元	%	3.00	3.00	3.00	3.00		
小计				576.10	496.57	582.55	545.84		
机械									

8.6 环氧呋喃树脂漆

金属结构面 表 8.6-1

	编 号			T792	T793	T794	T795		
人工	名 称	单位	单价			数	量		
	综合工日	工日	32.53	0.28	0.27	0.19	0.17		
材料	环氧树脂	kg	29.00	0.50	0.45	0.55	0.50		
	呋喃树脂（糠醇）	kg	17.00	0.22	0.19	0.23	0.22		
	邻苯二甲酸二丁酯	kg	7.80	0.07	0.06	0.07	0.07		
	石英粉	kg	0.50	0.11	0.09	—	—		
	T31	kg	16.00	0.075	0.068	0.083	0.075		
	丙酮	kg	8.00	0.28	2.60	0.29	0.28		
	汽油 60# ~ 70#	kg	3.48	0.80	—	—	—		
	其他材料费占材料费	元	%	3.00	3.00	3.00	3.00		
小计				25.82	39.84	24.78	22.89		
机械									

混凝土面 表 8.6-2

编号				T796	T797	T798	T799		
人工	名称	单位	单价	数量					
	综合工日	工日	32.53	4.20	3.60	2.70	2.60		
材料	环氧树脂	kg	29.00	13.90	10.50	11.80	10.90		
	呋喃树脂（糠醇）	kg	17.00	5.30	4.70	5.40	5.00		
	邻苯二甲酸二丁酯	kg	7.80	1.90	1.40	1.80	1.70		
	石英粉	kg	0.50	2.30	2.10	—	—		
	T31	kg	16.00	2.09	1.58	1.77	1.64		
	丙酮	kg	8.00	6.00	5.50	5.90	5.70		
	其他材料费占材料费	元	%	3.00	3.00	3.00	3.00		
小计				608.33	479.62	539.27	500.79		
机械									

灰面 表 8.6-3

编号				T800	T801	T802	T803		
人工	名称	单位	单价	数量					
	综合工日	工日	32.53	3.80	3.30	2.70	2.60		
材料	环氧树脂	kg	29.00	11.10	9.60	11.70	10.80		
	呋喃树脂（糠醇）	kg	17.00	4.90	4.30	5.00	4.60		
	丙酮	kg	8.00	5.70	5.30	4.50	4.20		
	邻苯二甲酸二丁酯	kg	7.80	1.70	1.40	1.60	1.70		
	石英粉	kg	0.50	2.30	1.90	—	—		
	T31	kg	16.00	1.66	1.44	1.75	1.62		
	其他材料费占材料费	元	%	3.00	3.00	3.00	3.00		
小计				506.52	441.67	515.80	478.11		
机械									

8.7 环氧酚醛树脂漆

金属结构面　　　　表8.7-1

	编　号			T804	T805	T806	T807		
人工	名　称	单位	单价			数　量			
	综合工日	工日	32.53	0.28	0.27	0.19	0.17		
材料	环氧树脂	kg	29.00	0.51	0.45	0.54	0.50		
	酚醛树脂	kg	15.00	0.22	0.20	0.23	0.22		
	丙酮	kg	8.00	0.28	0.27	0.27	0.20		
	T31	kg	16.00	0.076	0.067	0.081	0.075		
	石英粉	kg	0.50	0.10	0.10	—	—		
	邻苯二甲酸二丁酯	kg	7.80	0.03	0.06	0.07	0.07		
	其他材料费占材料费	元	%	3.00	3.00	3.00	3.00		
小计				22.48	20.39	23.81	21.78		
机械									

混凝土面　　　　表8.7-2

	编　号			T808	T809	T810	T811		
人工	名　称	单位	单价			数　量			
	综合工日	工日	32.53	4.20	4.00	3.00	2.60		
材料	环氧树脂	kg	29.00	12.30	10.50	12.70	11.60		
	酚醛树脂	kg	15.00	5.30	4.70	5.50	4.90		
	丙酮	kg	8.00	6.10	5.70	3.20	3.10		
	T31	kg	16.00	1.85	1.57	1.90	1.74		
	石英粉	kg	0.50	2.60	2.20	—	—		
	邻苯二甲酸二丁酯	kg	7.80	0.80	1.60	1.80	1.70		
	其他材料费占材料费	元	%	3.00	3.00	3.00	3.00		
小计				537.80	473.08	536.47	490.07		
机械									

灰　　面　　　　表 8.7-3

	编　　号			T812	T813	T814	T815		
人工	名　　称	单位	单价	数　　量					
	综合工日	工日	32.53	3.80	3.60	2.70	2.60		
材料	环氧树脂	kg	29.00	11.50	9.70	11.70	10.80		
	酚醛树脂	kg	15.00	4.90	4.30	5.00	4.60		
	丙酮	kg	8.00	5.80	5.40	3.10	3.00		
	T31	kg	16.00	1.73	1.46	1.75	1.62		
	石英粉	kg	0.50	2.30	2.00	—	—		
	邻苯二甲酸二丁酯	kg	7.80	0.80	1.40	1.70	1.60		
	其他材料费占材料费	元	%	3.00	3.00	3.00	3.00		
小计				503.12	437.01	494.77	457.94		
机械									

8.8　沥青漆

金属结构面、混凝土面、灰面　　　　表 8.8

	编　　号			T816	T817	T818	T819		
人工	名　　称	单位	单价	数　　量					
	综合工日	工日	32.53	1.27	0.53	10.20	5.10		
材料	沥青漆	kg	7.80	0.84	0.37	10.10	4.80		
	汽油	kg	3.48	1.27	—	12.70	6.00		
	木柴	kg	0.25	2.17	—	21.70	10.30		
	其他材料费占材料费	元	%	3.00	3.00	3.00	3.00		
小计				11.86	2.97	132.25	62.72		
机械									

8.9 环氧煤焦油漆（混凝土面、灰面）

表 8.9

	编　号			T820	T821				
人工	名　称	单位	单价	数　量					
	综合工日	工日	32.53	19.30	17.30				
材料	环氧树脂	kg	29.00	7.00	6.00				
	煤焦油	kg	1.13	7.00	6.00				
	丙酮	kg	8.00	7.00	6.00				
	滑石粉	kg	0.50	3.00	3.00				
	T31	kg	16.00	1.05	0.90				
	其他材料费占材料费	元	%	3.00	3.00				
小计				293.77	252.02				
机械									

8.10 苯乙烯漆（混凝土面、灰面）

表 8.10

	编　号			T822	T823	T824	T825		
人工	名　称	单位	单价	数　量					
	综合工日	工日	32.53	10.40	8.50	8.00	11.00		
材料	苯乙烯屋面漆	kg	19.00	31.00	—	—	—		
	苯乙烯墙面漆	kg	19.00	—	30.00	—	—		
	苯乙烯地面漆	kg	19.00	—	—	30.00	—		
	苯乙烯油漆清漆	kg	19.00	—	—	—	30.00		
	石膏粉	kg	2.50	—	—	—	7.20		
	其他材料费占材料费	元	%	3.00	3.00	3.00	3.00		
小计				606.67	587.10	587.10	605.64		
机械									

8.11 环氧煤沥青漆

混凝土面 灰面 表 8.11-1

	编号			T826	T827	T828	T829	T830	T831
	名称	单位	单价	数量					
人工	综合工日	工日	32.53	8.20	7.60	6.50	5.80	5.20	5.00
材料	环氧煤沥青涂料(底)	kg	18.00	26.50	25.00	25.00	24.80	—	—
	环氧煤沥青涂料(面)	kg	18.00	—	—	—	—	24.60	24.00
	固化剂	kg	24.00	2.60	2.50	2.50	2.40	2.50	2.50
	其他材料费占材料费	元	%	3.00	3.00	3.00	3.00	3.00	3.00
小计				555.58	525.30	525.30	519.12	517.88	506.76
机械									

灰 面 表 8.11-2

	编号			T832	T833				
	名称	单位	单价	数量					
人工	综合工日	工日	32.53	5.00	5.00				
材料	环氧煤沥青涂料(底)	kg	18.00	—	—				
	环氧煤沥青涂料(面)	kg	18.00	24.60	24.00				
	固化剂	kg	24.00	2.50	2.40				
	其他材料费占材料费	元	%	3.00	3.00				
小计				517.88	504.29				
机械									

8.12 FVC涂料

金属结构面 **表8.12-1**

	编号			T834	T835	T836	T837		
	名称	单位	单价	数量					
人工	综合工日	工日	32.53	0.26	0.24	0.22	0.20		
材料	FVC防腐涂料(底)	kg	31.00	0.96	0.94	—	—		
	FVC防腐涂料(面)	kg	31.00	—	—	0.91	0.90		
	FVC稀释剂	kg	15.00	0.10	0.10	0.10	0.10		
	其他材料费占材料费	元	%	3.00	3.00	3.00	3.00		
小计				32.20	31.56	30.60	30.28		
机械									

混凝土面 **表8.12-2**

	编号			T838	T839	T840	T841		
	名称	单位	单价	数量					
人工	综合工日	工日	32.53	4.20	4.00	3.80	3.20		
材料	FVC防腐涂料（底）	kg	31.00	22.00	21.00	—	—		
	FVC防腐涂料（面）	kg	31.00	—	—	19.60	19.20		
	FVC稀释剂	kg	15.00	2.00	2.00	2.00	2.00		
	其他材料费占材料费	元	%	3.00	3.00	3.00	3.00		
小计				733.36	701.43	656.73	643.96		
机械									

灰　面　　**表 8.12-3**

	编　号			T842	T843	T844	T845		
人工	名　称	单位	单价			数　量			
	综合工日	工日	32.53	4.10	4.00	3.60	3.20		
材料	FVC 防腐涂料（底）	kg	31.00	19.00	18.90	—	—		
	FVC 防腐涂料（面）	kg	31.00	—	—	18.20	18.00		
	FVC 稀释剂	kg	15.00	2.00	2.00	2.00	2.00		
	其他材料费占材料费	元	%	3.00	3.00	3.00	3.00		
小计				637.57	634.38	612.03	605.64		
机械									

8.13　FVC-H 涂料

金属结构面　　**表 8.13-1**

	编　号			T846	T847	T848	T849		
人工	名　称	单位	单价			数　量			
	综合工日	工日	32.53	0.24	0.22	0.18	0.18		
材料	FVC-H 防腐涂料（底）	kg	31.00	0.96	0.94	—	—		
	FVC-H 防腐涂料（面）	kg	31.00	—	—	0.91	0.90		
	FVC-H 稀释剂	kg	15.00	0.50	0.50	0.50	0.50		
	其他材料费占材料费	元	%	3.00	3.00	3.00	3.00		
小计				38.38	37.74	36.78	36.46		
机械									

混凝土面　　表 8.13-2

	编号			T850	T851	T852	T853		
人工	名称	单位	单价	数量					
	综合工日	工日	32.53	4.20	4.00	3.40	3.00		
材料	FVC-H 防腐涂料（底）	kg	25.00	22.00	21.00	—	—		
	FVC-H 防腐涂料（面）	kg	25.00	—	—	19.60	19.20		
	FVC-H 稀释剂	kg	15.00	2.00	2.00	2.00	2.00		
	其他材料费占材料费	元	%	3.00	3.00	3.00	3.00		
小计				597.40	571.65	535.60	525.30		
机械									

灰面　　表 8.13-3

	编号			T854	T855	T856	T857		
人工	名称	单位	单价	数量					
	综合工日	工日	32.53	4.20	4.00	3.40	3.20		
材料	FVC-H 防腐涂料（底）	kg	25.00	19.00	18.90	—	—		
	FVC-H 防腐涂料（面）	kg	25.00	—	—	18.20	18.00		
	FVC-H 稀释剂	kg	15.00	2.00	2.00	2.00	2.00		
	其他材料费占材料费	元	%	3.00	3.00	3.00	3.00		
小计				520.15	517.58	499.55	494.40		
机械									

8.14 丙烯酸聚氨酯涂料

金属结构面 表 8.14-1

	编号			T858	T859	T860	T861		
人工	名称	单位	单价	数量					
	综合工日	工日	32.53	0.28	0.27	0.25	0.23		
材料	丙烯酸聚氨酯防腐涂料(底)	kg	45.00	0.96	0.94	—	—		
	丙烯酸聚氨酯防腐涂料(面)	kg	45.00	—	—	0.91	0.90		
	其他材料费占材料费	元	%	3.00	3.00	3.00	3.00		
小计				44.50	43.57	42.18	41.72		
机械									

混凝土面 表 8.14-2

	编号			T862	T863	T864	T865		
人工	名称	单位	单价	数量					
	综合工日	工日	32.53	4.00	3.80	3.40	3.20		
材料	丙烯酸聚氨酯防腐涂料(底)	kg	45.00	22.00	21.00	—	—		
	丙烯酸聚氨酯防腐涂料(面)	kg	45.00	—	—	19.60	19.20		
	其他材料费占材料费	元	%	3.00	3.00	3.00	3.00		
小计				1019.70	973.35	908.46	889.92		
机械									

灰　面　　　　**表 8.14-3**

	编　号			T866	T867	T868	T869		
人工	名　称	单位	单价	数　量					
	综合工日	工日	32.53	4.00	3.60	3.00	3.10		
材料	丙烯酸聚氨酯防腐涂料(底)	kg	45.00	19.00	18.90	—	—		
	丙烯酸聚氨酯防腐涂料(面)	kg	45.00	—	—	18.20	18.00		
	其他材料费占材料费	元	%	3.00	3.00	3.00	3.00		
小计				880.65	876.02	843.57	834.30		
机械									

8.15　聚苯乙烯涂料

金属结构面层　　　　**表 8.15**

	编　号			T870	T871	T872			
人工	名　称	单位	单价	数　量					
	综合工日	工日	32.53	0.38	0.37	0.32			
材料	聚苯乙烯底漆	kg	19.00	1.20	—	—			
	聚苯乙烯面漆	kg	19.00	—	1.05	—			
	聚苯乙烯清漆	kg	19.00	—	—	0.93			
	稀释剂	kg	6.00	0.20	0.20	0.20			
	其他材料费占材料费	元	%	3.00	3.00	3.00			
小计				24.72	21.78	19.44			
机械									

8.16 有机硅耐高温涂料

一般钢结构　　表 8.16

	编　号			T873	T874	T875	T876		
人工	名　称	单位	单价	数		量			
	综合工日	工日	32.53	0.42	0.40	0.34	0.32		
材料	有机硅耐高温防腐涂料(底)	kg	66.63	0.96	0.94	—	—		
	有机硅耐高温防腐涂料(面)	kg	66.63	—	—	0.91	0.90		
	其他材料费占材料费	元	%	3.00	3.00	3.00	3.00		
小计				65.88	64.51	62.45	61.77		
机械									

8.17 TO 树脂漆

金属结构面　　表 8.17-1

	编　号			T877	T878	T879	T880		
人工	名　称	单位	单价	数		量			
	综合工日	工日	32.53	0.28	0.27	0.26	0.26		
材料	TO 树脂底漆	kg	26.00	0.92	0.85	—	—		
	TO 树脂面漆	kg	25.00	—	—	0.80	0.78		
	TO 树脂稀释剂	kg	7.30	0.26	0.24	0.23	0.22		
	TO 树脂固化剂	kg	24.00	0.08	0.08	0.07	0.07		
	其他材料费占材料费	元	%	3.00	3.00	3.00	3.00		
小计				28.57	26.55	24.06	23.47		
机械									

混 凝 土 面

表 8.17-2

	编 号			T881	T882	T883	T884		
人工	名 称	单位	单价	数 量					
	综合工日	工日	32.53	4.40	4.20	4.00	3.80		
材料	TO 树脂底漆	kg	26.00	20.60	19.00	—	—		
	TO 树脂面漆	kg	25.00	—	—	17.80	17.80		
	TO 树脂稀释剂	kg	7.30	5.60	5.50	4.90	4.80		
	TO 树脂固化剂	kg	24.00	1.60	1.60	1.42	1.42		
	其他材料费占材料费	元	%	3.00	3.00	3.00	3.00		
小计				633.33	589.73	530.30	529.54		
机械									

灰 面

表 8.17-3

	编 号			T885	T886	T887	T888		
人工	名 称	单位	单价	数 量					
	综合工日	工日	32.53	4.00	3.80	3.60	3.50		
材料	TO 树脂底漆	kg	26.00	18.70	17.20	—	—		
	TO 树脂面漆	kg	25.00	—	—	16.30	16.00		
	TO 树脂稀释剂	kg	7.30	2.00	1.80	1.60	1.60		
	TO 树脂固化剂	kg	24.00	1.50	1.40	1.25	1.20		
	其他材料费占材料费	元	%	3.00	3.00	3.00	3.00		
小计				552.90	508.76	462.66	453.69		
机械									

8.18 氯化橡胶厚型涂料

金属结构面 表8.18

	编号			T889	T890	T891	T892	T893	T894
人工	名称	单位	单价	数量					
	综合工日	工日	32.53	0.51	0.49	0.53	0.52	0.43	0.42
材料	氯化橡胶铝粉厚浆型防锈漆	kg	22.35	1.59	1.56	—	—	—	—
	氯化橡胶铁红厚浆型防锈漆	kg	22.35	—	—	1.64	1.61	—	—
	氯化橡胶云铁厚浆型防锈漆	kg	22.35	—	—	—	—	1.33	1.32
	氯化橡胶沥青厚浆型防锈漆（双组分）	kg	22.35	—	—	—	—	—	—
	其他材料费占材料费	元	%	3.00	3.00	3.00	3.00	3.00	3.00
小计				36.60	35.91	37.75	37.06	30.62	30.39
机械									

	编号			T895	T896				
人工	名称	单位	单价	数量					
	综合工日	工日	32.53	0.39	0.38				
材料	氯化橡胶铝粉厚浆型防锈漆	kg	22.35	—	—				
	氯化橡胶铁红厚浆型防锈漆	kg	22.35	—	—				
	氯化橡胶云铁厚浆型防锈漆	kg	22.35	—	—				
	氯化橡胶沥青厚浆型防锈漆（双组分）	kg	22.35	1.17	1.15				
	其他材料费占材料费	元	%	3.00	3.00				
小计				26.93	26.47				
机械									

8.19 彩色环氧地坪涂料

混凝土面　　表 8.19-1

	编　号			T897	T898	T899	T900	T901	T902
	名　称	单位	单价	数			量		
人工	综合工日	工日	32.53	4.20	3.00	4.00	3.60	3.00	2.80
材料	彩色环氧地坪涂料（底）	kg	19.50	15.60	15.50	—	—	—	—
	彩色环氧地坪涂料（中）	kg	19.50	—	—	28.00	27.40	—	—
	彩色环氧地坪涂料（面）	kg	19.50	—	—	—	—	20.00	18.00
	其他材料费占材料费	元	%	3.00	3.00	3.00	3.00	3.00	3.00
小计				313.33	311.32	562.38	550.33	401.70	361.53
机械									

灰　面　　表 8.19-2

	编　号			T903	T904	T905	T906	T907	T908
	名　称	单位	单价	数			量		
人工	综合工日	工日	32.53	4.00	3.80	3.60	3.40	3.20	2.80
材料	彩色环氧地坪涂料（底）	kg	19.50	14.20	14.00	—	—	—	—
	彩色环氧地坪涂料（中）	kg	19.50	—	—	25.00	24.60	—	—
	彩色环氧地坪涂料（面）	kg	19.50	—	—	—	—	20.00	18.00
	其他材料费占材料费	元	%	3.00	3.00	3.00	3.00	3.00	3.00
小计				285.21	281.19	502.13	494.09	401.70	361.53
机械									

8.20 环氧富锌底漆

金属结构面　　表8.20

	编号			T909	T910	T911	T912	T913	T914
人工	名称	单位	单价	数量					
	综合工日	工日	32.53	0.34	0.32	0.30	0.30	0.28	0.28
材料	环氧富锌底涂料	kg	24.00	1.50	1.45	—	—	—	—
	云铁中间漆	kg	22.0	—	—	1.12	1.09	—	—
	环氧磁漆	kg	26.00	—	—	—	—	0.92	0.90
	固化剂	kg	16.00	0.20	0.20	—	—	0.13	0.12
	稀释剂	kg	8.00	0.26	0.25	—	—	0.11	0.10
	其他材料费占材料费	元	%	3.00	3.00	3.00	3.00	3.00	3.00
小计				42.52	41.20	25.38	24.70	27.69	26.90
机械									

8.21 环氧鳞片涂料

金属面 灰面　　表8.21

	编号			T915	T916	T917	T918		
人工	名称	单位	单价	数量					
	综合工日	工日	32.53	0.34	0.32	7.60	7.20		
材料	环氧玻璃鳞片防腐涂料	kg	31.50	2.56	2.50	52.50	51.00		
	稀释剂	kg	8.00	0.25	0.24	2.60	2.50		
	其他材料费占材料费	元	%	3.00	3.00	3.00	3.00		
小计				85.12	83.09	1724.79	1675.30		
机械									

8.22 环氧自流平涂料

表 8.22

	编　号			T919	T920	T921	T922	T923	
人工	名　称	单位	单价	数　量					
	综合工日	工日	32.53	0.84	14.00	12.00	15.00	16.60	
材料	环氧自流平底漆	kg	24.00	—	20.00	19.00	—	—	
	环氧自流中间漆涂料	kg	18.00	—	—	—	70.00	150.00	
	环氧自流平面涂料	kg	36.00	—	—	—	—	—	
	其他材料费占材料费	元	%	—	1.00	1.00	1.00	1.00	
小计				—	484.80	460.56	1272.60	2727.00	
机械	地平磨光机	台班	120.60	0.25	—	—	—		

8.23 高耐候外防腐漆、高氯化聚乙烯漆

金属结构面　　表 8.23

	编　号			T924	T925	T926	T927	T928	T929
人工	名　称	单位	单价	数　量					
	综合工日	工日	32.53	0.70	0.38	0.68	1.12	1.06	1.00
材料	EPH-3 高耐候外防腐底漆	kg	38.00	1.85	—	—	—	—	—
	EPH-3 高耐候外防腐中间漆	kg	38.00	—	0.92	—	—	—	—
	EPH-3 高耐候外防腐面漆	kg	38.00	—	—	1.80	—	—	—
	高氯化聚乙烯底漆	kg	22.55	—	—	—	2.20	—	—
	高氯化聚乙烯中间漆	kg	22.55	—	—	—	—	2.16	—
	高氯化聚乙烯面漆	kg	23.58	—	—	—	—	—	2.10
	其他材料费占材料费	元	%	3.00	3.00	3.00	3.00	3.00	3.00
小计				72.41	36.01	70.45	51.10	50.17	51.00
机械									

8.24 H831 防腐地面漆

砂浆、混凝土面　　　　表 8.24

编号				T930	T931	T932	T933	T934
	名称	单位	单价	数量				
人工	综合工日	工日	32.53	30.00	2.40	3.00	26.00	2.40
材料	H831 环氧地板漆(甲组分)	kg	29.60	64.00	6.40	15.00	—	—
	H831 环氧地板漆(乙组分)	kg	33.00	56.00	5.60	15.00	—	—
	H831 稀释剂	kg	15.00	5.00	0.50	1.00	—	—
	BJ 型聚氨酯地面漆	kg	28.50	—	—	—	125.00	12.50
	BJ 型聚氨酯稀释剂	kg	3.60	—	—	—	10.00	1.00
	石英粉	kg	0.50	85.00	8.50	15.00	85.00	8.50
	金钢砂	kg	4.20	—	—	35.00	—	—
	其他材料费占材料费	元	%	3.00	3.00	3.00	3.00	3.00
小计				3975.70	397.57	1141.76	3750.23	375.02
机械	轴流风机 7.5kW	台班	23.58	1.00	0.10	0.20	1.00	0.10

9. 防火涂料面层指标计算附表

9.1 溶剂型防火涂料

9.1.1 一般钢结构

表 9.1.1

	编号			T935	T936	T937	T938	T939	
人工	名称	单位	单价	数量					
	综合工日	工日	32.53	0.43	0.65	0.87	1.27	1.53	
材料	BA101-2 防火涂料	kg	27.00	23.50	32.56	53.90	76.50	109.70	
	其他材料费占材料费	元	%	1.00	1.00	1.00	1.00	1.00	
小计				640.85	887.91	1469.85	2086.16	2991.52	
机械	空气压缩机 6m^3/min	台班	235.80	0.10	0.15	0.23	0.30	0.44	

9.1.2 管廊钢结构

表 9.1.2

	编号			T940	T941	T942	T943	T944	
人工	名称	单位	单价	数量					
	综合工日	工日	32.53	0.34	0.52	0.68	1.00	1.20	
材料	BA101-2 防火涂料	kg	27.00	18.48	25.61	42.37	60.10	84.74	
	其他材料费占材料费	元	%	1.00	1.00	1.00	1.00	1.00	
小计				503.95	698.38	1155.43	1638.93	2310.86	
机械	空气压缩机 6m^3/min	台班	235.80	0.08	0.12	0.17	0.23	0.33	

9.1.3 H型钢结构

表 9.1.3

	编号			T945	T946	T947	T948	T949	
人工	名称	单位	单价	数量					
	综合工日	工日	32.53	0.23	0.33	0.45	0.66	0.80	
材料	BA101-2 防火涂料	kg	27.00	12.17	16.87	27.91	39.62	56.80	
	其他材料费占材料费	元	%	1.00	1.00	1.00	1.00	1.00	
小计				331.88	460.04	761.11	1080.44	1548.94	
机械	空气压缩机 6m³/min	台班	235.80	0.04	0.07	0.11	0.14	0.21	

9.2 水溶型防火涂料

表 9.2

	编号			T950	T951	T952	T953	T954	T955
人工	名称	单位	单价	数量					
	综合工日	工日	32.53	14.40	36.80	12.20	38.50	11.60	18.80
材料	防火圈安装	100个	80.00	101.00	—	—	—	—	—
	防火堵料安装	m³	4550.00	—	1.01	—	—	—	—
	防火包安装	m³	400.00	—	—	1.01	—	—	—
	防水剂	kg	3.80	—	—	—	—	—	32.00
	NH 型防火涂料	kg	6.50	—	—	—	42.10	—	—
	WB 型防火涂料	kg	7.40	—	—	—	—	25.00	—
	其他材料费占材料费	元	%	1.00	1.00	1.00	1.00	1.00	3.00
小计				8160.80	4641.46	408.04	276.39	186.85	125.25
机械									

10. 隔离层及其他指标计算附表

10.1 建筑腻子

表 10.1

编号				T956	T957	T958	T959		
人工	名称	单位	单价	数量					
	综合工日	工日	32.53	7.77	7.77	11.20	12.20		
材料	JCTA-600 建筑腻子	kg	12.86	154.50	123.80	—	—		
	乳胶漆	kg	10.60	—	—	27.81	43.26		
	水	m^3	7.00	0.04	0.03	—	—		
	其他材料费占材料费	元	%	3.00	3.00	3.00	3.00		
小计				2046.76	1640.05	303.63	472.31		
机械									

10.2 隔离层

表 10.2-1

编号				T960	T961	T962	T963	T964	T965
人工	名称	单位	单价	数量					
	综合工日	工日	32.53	11.10	3.90	7.20	3.60	4.20	25.00
材料	冷底子油	kg	3.11	84.00	—	84.00	—	84.00	—
	耐酸沥青胶泥	m^3	1516.20	0.57	0.18	—	—	—	0.80
	石油沥青 30#	kg	1.35	—	—	—	—	362.00	—
	不带填料沥青胶泥	m^3	2047.00	—	—	0.40	0.20	—	—
	石油沥青毡 350g	m^2	1.79	237.50	115.40	—	—	—	—
	玻璃布 2mm	m^2	1.67	—	—	115.00	115.00	—	—
	木柴	kg	0.25	261.00	72.10	194.00	80.00	140.00	525.00
	其他材料费占材料费	元	%	3.00	—	3.00	—	—	3.00
小计				1664.32	497.51	1360.21	621.45	784.94	1384.54
机械	搅拌机 200L	台班	46.05	1.30	0.40	—	—	—	1.80

表 10.2-2

编号				T966	T967	T968	T969		
人工	名称	单位	单价	数量					
	综合工日	工日	32.53	35.00	35.00	2.50	95.60		
材料	环氧树脂	kg	29.00	230.00	154.00	16.40	—		
	T31	kg	16.00	34.50	23.10	2.46	—		
	丙酮	kg	8.00	2.50	1.70	16.40	—		
	煤焦油	kg	1.13	185.00	123.40	2.40	—		
	耐碱砂浆	m^3	1260.00	—	—	—	2.10		
	水	t	7.00	—	—	—	4.00		
	其他材料费占材料费	元	%	3.00	3.00	3.00	3.00		
小计				7674.58	5138.30	668.34	2754.22		
机械	搅拌机 200L	台班	46.05	0.30	0.20	—	0.50		

11. 1万立方米以内罐基础砂浆垫层指标计算附表

表 11

	编　　号			T969				
	名　　称	单位	单　价	数　　量				
人工	综合工日	工日	32.53	1.72				
材料	涂冷底子油	kg	3.11	8.40				
	刮涂沥青砂浆(中粒)	m^3	888.00	1.01				
	滑石粉	kg	0.40	0.33				
	沥青 30#	kg	1.35	1.33				
	煤	kg	0.20	3.34				
	木柴	kg	0.25	1.75				
	柴油	kg	2.80	1.67				
	木板材	m^3	860.00	0.006				
	圆钢 ϕ10	kg	2.35	1.68				
	钢板 δ10	kg	3.20	4.00				
	钢管 *DN*500	kg	4.50	3.00				
	钢管 ϕ25	kg	5.00	0.60				
	三芯电缆线	m	7.00	14.00				
	开关及保护器	套	200.00	1.00				
	其他材料费占材料费	元	%	6.00				
小计				1343.15				
机械	平板振动器	台班	7.80	0.04				

各种材料施工配合比

钠水玻璃类材料的施工配合比 附表 1-1

材料名称			配合比（质量比）						
			钠水玻璃	氟硅酸钠	粉料骨料				糠醇单体
					铸石粉	铸石粉:石英粉=1:1	细骨料	粗骨料	
钠水玻璃胶泥	普通型	1	100	15 ~ 18	250 ~ 270	—	—	—	—
		2	100	15 ~ 18	—	220 ~ 240	—	—	—
	密实型		100	15 ~ 18	250 ~ 270	—	—	—	3 ~ 5
钠水玻璃砂浆	普通型	1	100	15 ~ 17	200 ~ 220	—	250 ~ 270	—	—
		2	100	15 ~ 17	—	200 ~ 220	250 ~ 260	—	—
	密实型		100	15 ~ 17	200 ~ 220	—	250 ~ 270	—	3 ~ 5
钠水玻璃混凝土	普通型	1	100	15 ~ 16	200 ~ 220	—	230	320	—
		2	100	15 ~ 16	—	180 ~ 200	240 ~ 250	320 ~ 330	—
	密实型		100	15 ~ 16	180	—	250	320	3 ~ 5

钾水玻璃材料的施工配合比 **附表 1-2**

材料名称	混合料最大粒径（mm）	配合比（质量比）			
		钾水玻璃	钾水玻璃胶泥混合料	钾水玻璃砂浆混合料	钾水玻璃混凝土混合料
钾水玻璃胶泥	0.45	100	220～270	—	—
钾水玻璃砂浆	1.25	100	—	300～390	—
	2.50	100	—	330～420	—
	5.00	100	—	390～500	—
钾水玻璃混凝土	12.50	100	—	—	450～600
	25.00	100	—	—	560～750
	40.00	100	—	—	680～810

注：1. 混合料已含有钾水玻璃的固化剂和其他外加剂。

2. 普通型钾水玻璃材料应采用普通型的混合料；密实型钾水玻璃材料应采用密实型的混合料。

附表 1-3

环氧类材料的施工配合比（质量比）

<table>
<tr><th colspan="2" rowspan="2">材料名称</th><th rowspan="2">环氧树脂</th><th rowspan="2">稀释剂</th><th colspan="2">固化剂</th><th rowspan="2">矿物颜料</th><th rowspan="2">耐酸粉料</th><th rowspan="2">石英粉</th></tr>
<tr><th>T31</th><th>乙二胺</th></tr>
<tr><td colspan="2">封底料</td><td>100</td><td>40～60</td><td>15～20</td><td>6～8</td><td>—</td><td>—</td><td>—</td></tr>
<tr><td colspan="2">修补料</td><td>100</td><td>10～20</td><td>15～20</td><td>6～8</td><td>—</td><td>150～200</td><td>—</td></tr>
<tr><td rowspan="2">树脂胶料</td><td>铺衬与面层胶料</td><td rowspan="2">100</td><td rowspan="2">10～20</td><td rowspan="2">15～20</td><td rowspan="2">6～8</td><td>0～2</td><td rowspan="2">—</td><td rowspan="2">—</td></tr>
<tr><td>胶料</td><td>—</td></tr>
<tr><td>胶泥</td><td>砌筑或勾缝料</td><td>100</td><td>10～20</td><td>15～20</td><td>6～8</td><td>—</td><td>150～200</td><td>—</td></tr>
<tr><td>稀胶泥</td><td>灌缝或地面面层料</td><td>100</td><td>10～20</td><td>15～20</td><td>6～8</td><td>0～2</td><td>100～150</td><td>—</td></tr>
<tr><td rowspan="2">砂浆</td><td>面层或砌筑料</td><td>100</td><td>10～20</td><td>15～20</td><td>6～8</td><td>0～2</td><td>150～200</td><td>300～400</td></tr>
<tr><td>石材灌浆料</td><td>100</td><td>10～20</td><td>15～20</td><td>6～8</td><td>—</td><td>100～150</td><td>150～200</td></tr>
</table>

注：1. 当采用乙二胺时，为降低毒性可将配合比所用乙二胺预先配制成乙二胺丙酮溶液(1:1)。
2. 当使用活性稀释剂时，固化剂的用量应适当增加，其配合比应按供货商提供的比例或经试验确定。
3. 本表以环氧树脂 EP01451-310 举例。

附表 1-4

酚醛类材料的施工配合比（质量比）

材料名称		酚醛树脂	稀释剂	低毒酸性固化剂	苯磺酰氯	耐酸粉料
封底料		同环氧树脂、乙烯基酯树脂或不饱和聚酯树脂封底料				
修补料		同环氧树脂、乙烯基酯树脂或不饱和聚酯树脂修补料				
树脂胶料	铺衬与面层胶料	100	0 ~ 15	6 ~ 10	（8 ~ 10）	—
胶泥	砌筑与勾缝料	100	0 ~ 15	6 ~ 10	（8 ~ 10）	150 ~ 200
稀胶泥	灌缝料	100	0 ~ 15	6 ~ 10	（8 ~ 10）	100 ~ 150

附表 1-5

乙烯基脂树脂和不饱和聚酯树脂材料的施工配合比（质量比）

材料名称		树脂	引发剂	促进剂	苯乙烯	矿物颜料	苯乙烯石蜡液	粉料		细骨料	
								耐酸粉	硫酸钡粉	石英砂	重晶石砂
封底料		100	2 ~ 4	0.5 ~ 4	0 ~ 15	—	—	—	—	—	—
修补料					—	—	—	200 ~ 350	（400 ~ 500）	—	—
树脂胶料	铺衬与面层胶料	100	2 ~ 4	0.5 ~ 4	—	0 ~ 2	—	0 ~ 15	—	—	—
	封面料				—	0 ~ 2	3 ~ 5	—	—	—	—
	胶料				—	—	—	—	—	—	—

续表

材料名称		树脂	引发剂	促进剂	苯乙烯	矿物颜料	苯乙烯石蜡液	粉料		细骨料	
								耐酸粉	硫酸钡粉	石英砂	重晶石砂
胶泥	砌筑或勾缝料	100	2~4	0.5~4	—	—	—	200~300	(250~350)	—	—
稀胶泥	灌缝或地面面层料	100	2~4	0.5~4	—	0~2	—	120~200	—	—	—
砂浆	面层或砌筑料	100	2~4	0.5~4	—	0~2	—	150~200	(350~400)	300~450	(600~750)
	石材灌浆料	100	2~4	0.5~4	—	—	—	120~150	—	150~180	—

注：1. 表中括号内的数据用于耐含氟类介质工程。

2. 过氧化苯甲酰二丁脂糊引发剂与N，N－二甲基苯胺苯乙烯液促进剂配套；过氧化环已酮二丁酯糊、过氧化甲乙酮引发剂与钴盐（含钴0.6%）的苯乙烯液促进剂配套。

3. 苯乙烯石蜡液的配合比为苯乙烯∶石蜡＝100∶5；配制时，先将石蜡削成碎片，加入苯乙烯中，用水浴法加至60℃，待石蜡完全溶解后冷却至常温。苯乙烯石蜡液应使用在最后一遍封面料中。

附表 1-6

呋喃树脂类材料的施工配合比（质量比）

材料名称		糠醇糠醛树脂	糠酮糠醛树脂	糠醇糠醛树脂玻璃钢粉	糠醇糠醛树脂胶泥粉	苯磺酸型固化剂	耐酸粉料	石英砂
封底料		同环氧树脂、乙烯基酯树脂或不饱和聚酯树脂封底料						
修补料		同环氧树脂、乙烯基酯树脂或不饱和聚酯树脂修补料						
树脂胶料	铺衬与面层胶料	100	—	40 ~ 50	—	—	—	—
		—	100	—	—	12 ~ 18	—	—
胶泥	灌缝料	100	—	—	250 ~ 300	—	—	—
		—	100	—	—	12 ~ 18	100 ~ 150	—
	砌筑或勾缝料	100	—	—	250 ~ 400	—	—	—
		—	100	—	—	12 ~ 18	200 ~ 400	—
砂浆料		100	—	—	250	—	—	250 ~ 300
		—	100	—	—	12 ~ 18	150 ~ 200	350 ~ 450

注：糠醇糠醛树脂玻璃钢粉和胶泥粉内已含有酸性固化剂。

附表 1-7

沥青胶泥的施工配合比和耐热性能

沥青软化点（℃）	配合比（质量比）			胶泥耐热性能（℃）		用　途
	沥青	石英粉	6级石棉	软化点	耐热稳定性	
≥75 ≥90 ≥100	100	30	5	≥75 ≥900 ≥100	40 50 60	隔离层用
≥75 ≥90 ≥100	100	80	5	≥95 ≥110 ≥115	40 50 60	灌浆用
≥75 ≥90 ≥100	100	100	5 10 5	≥95 ≥120 ≥120	40 60 70	铺砌平面块材用
≥65 ≥75 ≥90 ≥110	100	150	5 5 10 5	≥105 ≥110 ≥125 ≥135	40 50 60 70	铺砌立面块材用
≥65 ≥75 ≥90 ≥110	100	200	5 5 10 5	≥120 ≥145 ≥145 ≥145	40 50 60 70	灌缝法施工时，铺砌平面结合层用

聚合物水泥砂浆配合比（质量比） 附表 1-8

项　目	氯丁胶乳水泥砂浆	氯丁胶乳水泥净浆	聚丙烯酸酯乳液水泥砂浆	聚丙烯酸酯乳液水泥净浆
水　泥	100	100～200	100	100～200
砂　子	100～200	—	100～200	—
氯丁胶乳	38～50	38～50	—	—
聚丙烯酸脂乳液	—	—	25～38	50～100
稳定剂	0.6～1.0	0.6～2.0	—	—
消泡剂	0.6～0.8	0.3～1.2	—	—
pH 值调节剂	适　量	适　量	—	—
水	适　量	适　量	适　量	—

注：1. 表中聚丙烯酸酯乳液的固体含量按 40%计，在乳液中应含有消泡剂、稳定剂。凡不符合以上条件时应经过试验论证后确定配合比。
2. 氯丁胶乳的固体含量按 50%计，当采用其他含量的氯丁胶乳时，可按含量比例换算。

硅质耐酸胶泥配合比、各种材料用量参考表

附表 1-9

材料名称	规　格	单位	配合比 I		配合比 II	
			质量比	取定量	质量比	取定量
			%	kg	%	kg
水玻璃（钠）	模数:2.6～2.8 相对密度:1.4～1.5	kg	100	650.00	100	650.00
水玻璃（钾）	11	kg	—	—	—	—
氟硅酸钠	>95%	kg	15～18	117.00	15～18	117.00
石英粉	120 目	kg	110～120	780.00	—	—
铸石粉	120 目	kg	110～120	780.00	255～270C	1755.00
IG－1 耐酸灰		kg	—	—	—	—
KP1 耐酸灰		kg	—	—	—	—
L91# 耐酸灰		kg	—	—	—	—

续表

材料名称	规格	单位	配合比Ⅲ		配合比Ⅳ		配合比Ⅴ	
			质量比	取定量	质量比	取定量	质量比	取定量
			%	kg	%	kg	%	kg
水玻璃（钠）	模数:2.6～2.8 相对密度:1.4～1.5	kg	100	650.00	—	—	100	650.00
水玻璃（钾）	11	kg	—	—	100	650.00	—	—
氟硅酸钠	>95%	kg	—	—	—	—	—	—
石英粉	120目	kg	—	—	—	—	—	—
铸石粉	120目	kg	—	—	—	—	—	—
IG－1耐酸灰		kg	240～260	1690.00	—	—	—	—
KP1耐酸灰		kg	—	—	240～250	1625.00	—	—
L91#耐酸灰		kg	—	—	—	—	240～260	1690.40

环氧耐酸胶泥配合比、各种材料用量参考表 **附表 1-10**

材料名称		规格	单位	配合比Ⅰ		配合比Ⅱ	
				质量比	取定量	质量比	取定量
				%	kg	%	kg
环氧树脂		(1) E44	kg	100	652.00	—	—
		(2) E42	kg	—	—	100	652.00
		(3) 637	kg	—	—	—	—
		(4) 644	kg	—	—	—	—
稀释剂:丙酮			kg	0~20	65.00	0~20	65.00
固化剂	(1)乙二胺		kg	6~8	52.20	6~7	45.60
	(2)乙二胺:丙酮	1:1	kg	(12~16)	—	(12~14)	—
增塑剂:邻苯二甲酸二丁酯			kg	(10)	—	(10)	—
填料	(1) 石英粉	120目	kg	150~250	1304.00	150~250	1304.00
	(2) 瓷粉		kg	(150~250)	—	(150~250)	—
	(3) 辉绿岩粉		kg	(180~250)	—	(180~250)	—
	(4) 硫酸钡		kg	(180~250)	—	(180~250)	—
	(5) 石墨粉	低碳	kg	(100~160)	—	(100~160)	—

续表

材料名称		规格	单位	配合比Ⅲ		配合比Ⅳ	
				质量比	取定量	质量比	取定量
				%	kg	%	kg
环氧树脂		（1）E44	kg	—	—	—	—
		（2）E42	kg	—	—	—	—
		（3）637	kg	100	652.00	—	—
		（4）644	kg	—	—	100	652.00
稀释剂:丙酮			kg	20	130.40	20	130.40
固化剂	（1）乙二胺	1:1	kg	6	39.00	7	45.60
	（2）乙二胺:丙酮		kg	—	—	—	—
增塑剂:邻苯二甲酸二丁酯			kg	12	78.20	12	78.20
填料	（1）石英粉	120目	kg	160～200	1300.00	160～200	1300.00
	（2）瓷粉		kg	（160～200）	—	（160～200）	—
	（3）辉绿岩粉		kg	—	—	—	—
	（4）硫酸钡		kg	—	—	—	—
	（5）石墨粉	低碳	kg	—	—	—	—

附表 1-11

酚醛耐酸胶泥配合比、各种材料用量参考表

材料名称		规格	单位	配合比Ⅰ		配合比Ⅱ	
				质量比	取定量	质量比	取定量
				%	kg	%	kg
酚醛树脂			kg	100	650.00	100	650.00
固化剂	(1) 苯磺酰氯		kg	6~8	52.00	8	52.00
	(2) 硫酸乙酯 硫酸:乙醇	3:1	kg	(6~10)	—	—	—
	(3) 对甲苯磺酰氯		kg	(8~12)	—	—	—
	(4) NL固化剂		kg	(5~10)	—	—	—
	(5) 胶泥改进剂		kg	(10)	—	—	—
填料	(1)石英粉	120目	kg	150~200	1300	—	—
	(2)瓷粉		kg	150~200	—	—	—
	(3)石英粉:硅石粉	8:2	kg	150~200	—	—	—
	(4)石英粉:辉绿岩粉	8:2	kg	150~200	—	—	—
	(5)硫酸钡		kg	180~200	—	—	—
	(6)石墨粉:硫酸钡	1:1	kg	180~200	—	—	—
	(7)石墨粉	低碳	kg	—	—	150	975.00

附表 1-12

呋喃耐酸胶泥配合比、各种材料用量参考表

材料名称		规格	单位	配合比Ⅰ		配合比Ⅱ	
				质量比	取定量	质量比	取定量
				%	kg	%	kg
粘结剂	糠醇树脂		kg	100	700	—	—
	糠酮树脂		kg	—	—	100	700.00
	糠酮甲醛树脂		kg	—	—	—	—
	YJ 呋喃树脂		kg	—	—	—	—
稀释剂	甲苯		kg	0～10	70.00	0～10	70.00
	丙酮		kg	(0～10)	—	(0～10)	—
固化剂	苯磺酰氯:磷酸		kg	8～12	84.00	—	—
	硫酸乙酯		kg	—	—	—	—
	硫酸:乙醇		kg	—	—	10～14	84.00
增塑剂:亚磷酸三苯酯			kg	10	70.00	10	70.00
填料	(1)石英粉	120 目	kg	130～200	1400.00	130～200	1400.00
	(2)瓷粉		kg	(130～200)	—	(130～200)	—
	(3)石英粉:硅石粉	8:2	kg	(130～200)	—	(130～200)	—
	(4)石英粉:辉绿岩粉	8:2	kg	(130～180)	—	(130～200)	—
	(5)硫酸钡		kg	(180～220)	—	(180～220)	—
	(6)石墨粉:硫酸钡	1:1	kg	(150～220)	—	(150～200)	—
	(7)YJ 呋喃粉	2 型	kg	—	—	—	—

续表

材料名称		规格	单位	配合比Ⅰ		配合比Ⅱ	
				质量比	取定量	质量比	取定量
				%	kg	%	kg
粘结剂	糠醇树脂		kg	—	—	—	—
	糠酮树脂		kg	—	—	—	—
	糠酮甲醛树脂		kg	100	700	—	—
	YJ 呋喃树脂		kg	—	—	100	490.00
稀释剂	甲苯		kg	—	—	—	—
	丙酮		kg	—	—	—	—
固化剂	苯磺酰氯:磷酸	4:3.5~5	kg	—	—	—	—
	硫酸乙酯		kg	—	—	—	—
	硫酸:乙醇	2~3:1	kg	10~14	98.00	—	—
增塑剂:亚磷酸三苯酯			kg	—	—	—	—
填料	(1)石 英 粉	120 目	kg	150~200	1400.00	—	—
	(2)瓷　粉		kg	(150~200)	—	—	—
	(3)石英粉:硅石粉	8:2	kg	—	—	—	—
	(4)石英粉:辉绿岩粉	8:2	kg	—	—	—	—
	(5)硫 酸 钡		kg	—	—	—	—
	(6)石墨粉:硫酸钡	1:1	kg	—	—	—	—
	(7)YJ 呋喃粉	2 型	kg	—	—	350~400	1862.00

附表 1-13

环氧酚醛耐酸胶泥配合比、各种材料用量参考表

材料名称		规格	单位	配合比Ⅰ		配合比Ⅱ		配合比Ⅲ	
				质量比	取定量	质量比	取定量	质量比	取定量
				%	kg	%	kg	%	kg
环氧树脂			kg	70	475.00	70	475.00	50	340.00
酚醛树脂			kg	30	204.00	30	204.00	50	340.00
固化剂	（1）乙二胺		kg	6～8	54.30	5～6	40.70	2.5～3.5	23.80
	（2）苯磺酰氯		kg	—	—	2.5～3.5	23.80	2.5～3.5	23.80
填料	（1）石英粉	120目	kg	180～220	1358.00	180～220	1358.00	180～220	1360.00
	（2）瓷粉		kg	（180～220）	—	（180～220）	—	（180～220）	—
	（3）辉绿岩粉	低碳	kg	（180～220）	—	（180～220）	—	（180～220）	—
	（4）石墨粉		kg	（90～150）	—	（90～150）	—	（90～150）	—

环氧呋喃耐酸胶泥配合比、各种材料用量参考表

附表 1-14

材料名称		规格	单位	配合比Ⅰ		配合比Ⅱ		配合比Ⅲ	
				质量比	取定量	质量比	取定量	质量比	取定量
				%	kg	%	kg	%	kg
环氧树脂			kg	70	496.00	70	496.00	70	496.00
呋喃树脂		糠酮型	kg	30	213.00	30	213.00	30	213.00
固化剂：乙二胺			kg	8	56.70	8	56.70	6～8	56.70
增塑剂	（1）亚磷酸三苯酯		kg	12	85.10	—	—	—	—
增塑剂	（2）邻苯二甲酸二丁酯		kg	—	—	10	70.90	—	—
填料	(1)石英粉:辉绿岩粉		kg	160	1134.00	160	1134.40	—	—
填料	(2)石英粉		kg	—	—	—		180～200	1418.00
填料	(3)瓷粉		kg	—	—	—	—	(180～200)	—
填料	(4)辉绿岩粉		kg	—	—	—	—	(180～200)	—
填料	(5)硫酸钡		kg	—	—	—	—	(180～200)	—
填料	(6)石墨粉		kg	—	—	—	—	(150～180)	—
							—		

附表 1-15

环氧煤焦油耐酸胶泥配合比、各种材料用量参考表

材料名称		规格	单位	无溶剂型		有溶剂型	
				质量比	取定量	质量比	取定量
				%	kg	%	kg
环氧树脂			kg	100	338.00	85	287.00
煤焦油(已脱水)			kg	100	338.00	85	287.00
甲苯			kg	—	—	30	102.00
固化剂	乙二胺		kg	6	20.30	6	20.30
	丙酮		kg	6	20.30	6	20.30
填料	(1)石英粉	120目	kg	424	1433.00	420	1419.60
	(2)瓷粉		kg	(424)	—	(420)	—
	(3)辉绿岩粉		kg	(424)	—	(420)	—

聚酯树脂耐酸胶泥配合比、各种材料用量参考表 **附表 1-16**

材料名称	规格	单位	质量比	取定量
			%	kg
W2-1 聚酯树脂		kg	31.29	650.00
过氧化环已酮		kg	1.22	25.35
萘酸钴液		kg	0.62	12.90
二甲基苯胺		kg	0.62	12.90
苯乙烯		kg	4.29	89.05
瓷粉		kg	61.96	1287.00

附录 2

块料、胶泥、砂浆用量

树脂胶泥砌砖、板每 $10m^2$ 砖、板及胶泥用量　　　　附表 2-1

砖、板名称及规格	砌砖板厚度（mm）	胶泥用量（$m^3/10m^2$）							砖板用量（块/$10m^2$）		
		结合层（mm）	灰缝宽度（mm）				损耗率（%）	合计用量	数量	损耗率（%）	合计用量
			3	4	5						
瓷砖 230×113×65	65	5		0.03334			5	0.08757	365.26	4	380
瓷砖 230×113×65	113	5		0.08483			5	0.14157	619.35	4	645
瓷板 150×150×20	20	5	0.00784				5	0.06073	427.19	5	449
瓷板 150×150×30	30	5	0.01176				5	0.06485	427.19	4.5	447
瓷板 180×110×20	20	5	0.00859				5	0.06152	483.58	5	508
瓷板 180×110×30	30	5	0.01288				5	0.06602	483.58	4.5	506
铸石板 180×110×20	20	7			0.01411		5	0.08832	470.1	5	494
铸石板 180×110×30	30	7			0.02117		5	0.0957	470.1	4.5	492

水玻璃胶泥、水玻璃砂浆铺砌块材每 $10m^2$ 砖、板及胶泥用量 附表 2-2

水玻璃胶泥、砖、板名称及规格	砖板厚度(mm)	胶泥用量($m^3/10m^2$)							砖板用量(块/$10m^2$)		
		结合层(mm)	灰缝宽度(mm)				损耗率(%)	合计用量	数量	损耗率(%)	合计用量
			3	4	5	6					
瓷砖 230×113×65	65	4				0.049304	5	0.10427	365.26	4	371
瓷砖 230×113×113	113	4				0.12423	5	0.18294	596.81	4	621
瓷板 150×150×20	20	4	0.00784				5	0.06073	427.19	5	449
瓷板 150×150×30	30	4	0.01176				5	0.06485	427.19	4.5	447
瓷板 180×110×20	20	4	0.00859				5	0.06152	483.58	5	508
瓷板 180×110×30	30		0.01288				5	0.06602	483.58	4.5	506
铸石板 180×110×20	20	6		0.01137			5	0.07494	476.7	5	501
铸石板 180×110×30	30	6		0.01705			5	0.08090	476.7	4.5	499

水玻璃砂浆、砖、板名称及规格	砖板厚度(mm)	胶泥用量($m^3/10m^2$)							砖板用量(块/$10m^2$)		
		结合层(mm)	灰缝宽度(mm)				损耗率(%)	合计用量	数量	损耗率(%)	合计用量
			3	4	5	6					
瓷砖 230×113×65	65	6			0.04137		5	0.10644	360.65	4	376
瓷砖 230×113×113	113	6			0.10476		5	0.1730	607.9	4	633
瓷板 150×150×20	20	6			0.01291		5	0.07656	416.24	5	438
瓷板 150×150×30	30	6			0.01936		5	0.08333	416.24	4.5	435
铸石板 180×110×20	20	6			0.01411		5	0.07782	470.1	5	494
铸石板 180×110×30	30	6			0.02117		5	0.08523	470.1	4.5	492

水玻璃胶泥、水玻璃砂浆砌石每 10m² 胶泥用量

附表 2-3

花岗石水玻璃砂浆	砌体厚度 mm	胶泥用量($m^3/10m^2$)							块石用量(块/$10m^2$)			备　注
		结合层(mm)	灰缝宽度(mm)				损耗率%	合计用量	数量	损耗率%	合计用量	
			5	8	10							
500×400×60	60	13			0.0264		5	0.16422	47.83	2	49	$S=0.5\times0.4\times47.83\times1.02=9.76m^2$
500×400×80	800	13			0.0352		5	0.17346	47.83	2	49	$S=0.5\times0.4\times47.83\times1.02=9.76m^2$
400×300×100	100	13			0.05665		5	0.1960	78.68	2	81	$S=0.5\times0.4\times78.68\times1.02=9.63m^2$
400×300×40	40	13			0.02266		5	0.16029	78.68	2	81	$S=0.5\times0.4\times78.68\times1.02=9.63m^2$

水玻璃胶泥	砌体厚度 mm	胶泥用量($m^3/10m^2$)							块石用量(块/$10m^2$)			备　注
		结合层(mm)	灰缝宽度(mm)				损耗率%	合计用量	数量	损耗率%	合计用量	
			5	8	10							
500×400×60	60	10		0.021216			5	0.12728	48.25	2	50	$S=0.5\times0.4\times48.25\times1.02=9.84m^2$
500×400×80	80	10		0.028288			5	0.13470	48.25	2	50	$S=0.5\times0.4\times48.25\times1.02=9.84m^2$
400×300×100	100	10	0.02874				5	0.13518	80.96	2	83	$S=0.4\times0.3\times80.96\times1.02=9.91m^2$
400×300×40	40	8	0.011496				5	0.09607	80.96	2	83	$S=0.4\times0.3\times80.96\times1.02=9.91m^2$

沥青胶泥铺砌块材每 10m² 砖、板及胶泥用量

附表 2-4

砖、板名称及规格	砖板厚度(mm)	胶泥用量($m^3/10m^2$)							砖板用量(块/$10m^2$)		
		结合层(mm)	灰缝宽度(mm)				损耗率(%)	合计用量	数量	损耗率(%)	合计用量
					5	8					
瓷砖 230×113×65	65	6			0.04137		5	0.10644	360.62	4	376
瓷砖 230×113×65	113	6			0.10476		5	0.1730	607.91	4	633
瓷板 150×150×20	20	6			0.012904		5	0.0765	416.24	5	438
瓷板 150×150×30	30	6			0.019356		5	0.0833	416.24	4.5	435
瓷板 180×110×20	20	6			0.014108		5	0.0778	470.04	5	494
瓷板 180×110×30	20	6			0.021162		5	0.0852	470.04	4.5	492
铸石板 180×110×20	20	7				0.02207	5	0.09667	450.78	5	474
铸石板 180×110×30	30	7				0.02483	5	0.09957	450.78	4.5	472

注：按刮浆铺砌法，分段灌浇法。

沥青砂浆结合层，用树脂胶泥勾缝，每 $10m^2$ 砖、板及胶泥用量 附表 2-5

砖、板名称及规格	砌砖厚度(mm)	胶泥用量($m^3/10m^2$)						砖板用量(块/$10m^2$)			备 注
		结合层(mm)	灰缝宽度(mm) 5	7	12		损耗率(%)	合计用量	数量	损耗率(%)	合计用量	同水玻璃结合层用树脂胶泥勾缝
瓷砖 230×113×65	65	6	0.04137				5	0.10644	360.62	4	376	
瓷砖 230×113×113	113	6	0.10478				5	0.17302	607.91	4	633	
瓷板 150×150×20	20	6	0.012904				5	0.07655	416.24	5	438	
瓷板 150×150×30	30	6	0.019356				5	0.08332	416.24	4.5	435	
瓷板 180×110×20	20	6	0.014108				5	0.07781	470.04	5	494	
瓷板 180×110×30	30	6	0.021162				5	0.08522	470.04	4.5	492	
铸石板 180×110×20	20	7		0.01945			5	0.09392	457.06	5	480	
铸石板 180×110×30	30	7		0.029176			5	0.10413	457.06	4.5	478	
花岗石 500×400×60	60	14			0.031551		5	0.18013	47.41	2	48.36	$S=48.36\times0.5\times0.4=9.67m^2$
花岗石 500×400×80	80	14			0.04207		5	0.19117	47.41	2	48.36	$S=48.36\times0.5\times0.4=9.67m^2$
花岗石 500×300×100	100	14			0.067596		5	0.21798	77.79	2	79.35	$S=79.35\times0.4\times0.3=9.52m^2$
花岗石 400×300×40	40	14			0.027038		5	0.17539	77.79	2	79.35	$S=79.35\times0.4\times0.3=9.52m^2$

沥青砂浆结合层，用树脂胶泥勾缝 $10m^2$ 砖、板及胶泥用量

附表 2-6

砖、板名称及规格	砌体厚度(mm)	胶泥灌缝 胶泥用量($m^3/10m^2$)							砖板用量(块/$10m^2$)			备　注
		结合层(mm)	灰缝宽度(mm)				损耗率(%)	合计用量	数量	损耗率(%)	合计用量	同水玻璃结合层，用树脂胶泥勾缝
			4		10							
瓷砖 230×113×65	65	7	0.02334				5	0.098	365.26	4	380	
瓷砖 230×113×113	113	7	0.08483				5	0.1626	619.35	4	645	
瓷板 150×150×20	20	7	0.01039				5	0.08441	421.66	5	443	
瓷板 150×150×30	30	7	0.01704				5	0.09139	421.66	4.5	441	
瓷板 180×110×20	20	7	0.011368				5	0.08543	476.76	5	501	
瓷板 180×110×30	30	7	0.01705				5	0.0914	476.76	4.5	499	
铸石板 180×110×20	20	13	0.011368				5	0.14844	476.76	5	501	
铸石板 180×110×30	30	13	0.01705				5	0.1544	476.76	4.5	499	
花岗石 500×400×60	60	14			0.0264		5	0.17472	47.83	2	48.79	$S=48.79\times0.5\times0.4=9.76m^2$
花岗石 500×400×80	80	14			0.0352		5	0.18396	47.83	2	48.79	$S=48.79\times0.5\times0.4=9.76m^2$
花岗石 400×300×100	100	14			0.05665		5	0.20648	78.68	2	80.25	$S=80.25\times0.4\times0.3=9.63m^2$
花岗石 400×300×40	40	14			0.02266		5	0.17079	78.68	2	80.25	$S=80.25\times0.4\times0.3=9.63m^2$

附表 2-7

水玻璃胶泥、水玻璃砂浆结合层，用树脂胶泥勾缝 10m² 砖、板及胶泥用量

砖、板名称及规格	砌体厚度(mm)	胶泥灌缝 胶泥用量($m^3/10m^2$)						勾缝胶泥用量($m^3/10m^2$)				砖板用量(块/$10m^2$)			备注
		结合层(mm)	灰缝宽度(mm) 3	灰缝宽度(mm) 5	灰缝宽度(mm) 10	损耗率(%)	合计用量	缝深(mm)	勾缝胶泥(m^3)	损耗量(m^3)	合计用量	数量	损耗率(%)	合计用量	
瓷砖 230×113×65	65	5	0.02518			5	0.07894	20	0.0078	8	0.0085	369.91	4	385	
瓷砖 230×113×113	113	5	0.06441			5	0.012013	20	0.0114	8	0.0123	631.15	4	657	
瓷板 150×150×20	20	5	0.00784			5	0.06073	15	0.0059	8	0.0064	427.19	5	449	
瓷板 150×150×30	30	5	0.01176			5	0.06485	15	0.0059	8	0.0064	427.19	4.5	447	
瓷板 180×110×20	20	5	0.00859			5	0.06152	15	0.0065	8	0.007	483.58	5	508	
瓷板 180×110×30	30	5	0.01288			5	0.06602	15	0.0065	8	0.007	483.58	4.5	506	
铸石板 180×110×20	20	7		0.01411		5	0.08832	15	0.0064	8	0.0069	470.1	5	494	
铸石板 180×110×30	30	7		0.02117		5	0.09573	15	0.0064	8	0.0069	470.1	4.5	492	
花岗石 500×400×60	60	13			0.0264	5	0.16422	20	0.0088	8	0.0095	47.83	2	48.79	$S = 48.79 \times 0.5 \times 0.4 = 9.76m^2$
花岗石 500×400×80	80	13			0.0352	5	0.17346	20	0.0088	8	0.0095	47.83	2	48.79	$S = 48.79 \times 0.5 \times 0.4 = 9.76m^2$
花岗石 400×300×100	100	13			0.05665	5	0.1960	20	0.0114	8	0.0123	78.68	2	80.25	$S = 80.25 \times 0.4 \times 0.3 = 9.63m^2$
花岗石 400×300×40	40	10			0.02266	5	0.12879	20	0.0114	8	0.0123	78.68	2	80.25	$S = 80.25 \times 0.4 \times 0.3 = 9.63m^2$

附录 3

部分常用涂料用量、漆膜厚度参考表

附表 3-1

序号	防腐等级	防腐蚀名称	油漆（涂料）品名	作业基层	基层处理	涂敷层数	单位	干膜厚度	使用量［g/(道·m^2)］	备注
	地下管道防腐蚀									
A	石油历青防腐层									
1	普通级	石油沥青防腐层	两布三油				mm	≥4		
2		石油沥青防腐层	石油沥青底漆	管道			mm	≥1.5		
3			石油沥青漆	玻璃布			mm	1~1.5		
4			石油沥青漆	玻璃布			mm	1~1.5		
1	加强级	石油沥青防腐层	三布四油				mm	≥5.5		
2		石油沥青防腐层	石油沥青底漆	管道			mm	≥1.5		
3			石油沥青漆	玻璃布			mm	1~1.5		
4			石油沥青漆	玻璃布			mm	1~1.5		
5			石油沥青漆	玻璃布			mm	1~1.5		
1	特加强级	石油沥青防腐层	四布五油				mm	≥7		
2		石油沥青防腐层	石油沥青底漆	管道			mm	≥1.5		
3			石油沥青漆	玻璃布			mm	1~1.5		
4			石油沥青漆	玻璃布			mm	1~1.5		
5			石油沥青漆	玻璃布			mm	1~1.5		
6			石油沥青漆	玻璃布			mm	1~1.5		

续表

序号	防腐等级	防腐蚀名称	油漆（涂料）品名	作业基层	基层处理	涂敷层数	单位	干膜厚度	使用量[g/(道·m²)]	备注
B	煤焦油磁漆防腐层									
1	普通级	煤焦油磁漆防腐层	二油外缠带一层				mm	≥2.4		
2		煤焦油磁漆防腐层	合成底漆一层	管道			μm	50		
3			煤焦油磁漆一层	底漆层			mm	≥2.4 ±0.8		
4			外缠带一层							
1	加强级	煤焦油磁漆防腐层	三油内、外缠带各一层				mm	≥3.4		
2		煤焦油磁漆防腐层	合成底漆一层	管道			μm	50		
3			煤焦油磁漆一层	底漆层			mm	≥2.4 ±0.8		
4			内缠带一层							
5			煤焦油磁漆一层	内缠带层			mm	≥0.8		
6			外缠带一层							
1	特加强级	煤焦油磁漆防腐层	四油内缠带二层外缠带一层				mm	≥4.4		
2		煤焦油磁漆防腐层	合成底漆一层	管道			μm	50		
3			煤焦油磁漆一层	底漆层			mm	≥2.4 ±0.8		
4			内缠带一层							
5			煤焦油磁漆一层	内缠带层			mm	≥0.8		
6			内缠带一层							

续表

序号	防腐等级	防腐蚀名称	油漆(涂料)品名	作业基层	基层处理	涂敷层数	单位	干膜厚度	使用量[g/(道·m^2)]	备注
7			煤焦油磁漆一层	内缠带层			mm	≥0.8		
8			外缠带一层							
C	溶结环氧粉末防腐层									20世纪80年代石油天然气管道科学研究院
1	普通级	溶结环氧粉末防腐层	环氧粉末涂料	管道			μm	300~400		
2	加强级	溶结环氧粉末防腐层	环氧粉末涂料	管道			μm	400~500		
D	环氧煤沥青防腐层									
1	普通级	环氧煤沥青防腐层	底漆一层+三层面漆				mm	≥0.3		总厚度
2	加强级(手工)	环氧煤焦沥青防腐层	底漆一层+二层面漆+一层玻璃布+二层面漆				mm	≥0.4		总厚度
	加强级(机械)		底漆一层+二层面漆+一层浸渍面漆玻璃布+二层面漆				mm	≥0.4		总厚度

续表

序号	防腐等级	防腐蚀名称	油漆（涂料）品名	作业基层	基层处理	涂敷层数	单位	干膜厚度	使用量［g/（道·m^2）］	备　注
3	特加强级（手工）	环氧煤沥青防腐层	底漆一层＋二层面漆＋一层玻璃布＋一层面漆＋一层玻璃布＋二层面漆				mm	≥0.6		总厚度
	特加强级（机械）		底漆一层＋一层面漆＋一层浸渍面漆玻璃布＋一层面漆＋一层浸清面漆玻璃布＋一层面漆				mm	≥0.6		总厚度
E	热收缩套（带）防腐层									
1	适用管径≤400	热收缩套（带）防腐层	底　胶	管　道			mm	≥0.8		
2	适用管径＞400			管　道			mm	≥0.8		
F	聚氨酯煤焦油涂料									
1			聚氨酯煤焦油涂料	管　道			μm	800～1000		
G	环氧煤焦油涂料									

附表 3-2

材料名称	基体表面		项目	干膜厚度（μm）	材料用量［g/（m²·道）］
FVC 防腐涂料	钢材表面		一底	20	200
			一面	18	180
	混凝土表面		一底	20	220
			一面	18	180
FVC-H 防腐涂料	钢材表面		一底	35	200
			一面	30	180
	混凝土表面		一底	35	220
			一面	30	180
丙烯酸聚氨酯防腐涂料	钢材表面		一底	40	200
			一面	35	180
	混凝土表面		一底	40	220
			一面	35	180
水性无机富锌涂料	钢材表面		一底	40	320
			一面	35	280
耐高温防腐涂料	钢材表面		一底	40	200
			一面	35	180
	混凝土表面		一底	40	220
			一面	35	200
FVC 地坪砂浆防腐涂料	混凝土表面	立面	底漆一道	50	200
			衬玻璃布一道	170	300
			腻子一道	500	250
			面漆一道	50	200
		平面	底漆一道	50	200
			衬玻璃布一道	170	300
			主层一道	9000	470
			中间层一道	1000	1000
			面层一道	50	200

续表

材料名称	基体表面	项目	干膜厚度（μm）	材料用量［g/（m^2·道）］
环氧富锌底漆	钢材表面	一底	50	200
		二底	50	200
环氧云铁中间漆	钢材表面	一中	70	250
环氧底漆	钢材表面	一底	40	250
		二底	40	200
彩色环氧地坪涂料	混凝土表面	一底	15	150
		一中	200	300
		一面	30	170
环氧自流平涂料	混凝土表面	底漆	30	200
		中间漆	1000	600
		面漆	1000	1300

附表 3-3

序号	涂 料 名 称	每道干膜厚度（μm/道）	计划用量［g/（道·m^2）］
1	H06—2 环氧酯铁红防锈底漆	25 ~ 30	150 ~ 180
2	H53—4 环氧酯锌黄防锈底漆	20 ~ 25	120 ~ 150
3	H53—33 环氧红丹防锈漆（双组分）	35 ~ 40	150 ~ 180
4	H53—5 环氧铁红车间底漆（双组分）	20 ~ 35	150 ~ 170
5	H06—21 环氧富锌底漆	35 ~ 40	250 ~ 280
6	H53—6 环氧云铁中间漆	50 ~ 60	180 ~ 200
7	H52—2 各色厚浆型环氧防腐漆（双组分）	100 ~ 120	250 ~ 270
8	H52—32 铝粉环氧防腐漆	25 ~ 30	150 ~ 170
9	H01—1 环氧磁漆	25 ~ 30	170 ~ 180
10	HL52—3 环氧煤沥青涂料	100 ~ 120	底漆 200 面漆 170
11	H45—ZF101 重防腐涂料	600	1020

续表

序号	涂 料 名 称	每道干膜厚度（μm/道）	计划用量［g/（道·m^2）］
12	环氧煤焦油沥青厚浆型重防腐涂料面漆	125	300
13	H53—1 环氧玻璃鳞片防锈漆	200	480
14	环氧导静电涂料面漆（双组分）	100	200
15	S06—2 棕黄色聚氨酯底漆	30	100～150
16	S06—2:S04—4＝1:1 中间漆	30	70～100
17	S04—4 聚氨酯磁漆	30	100～130
18	DT22 凉凉隔热胶面漆	90	429g/三遍
19	DY22 耐油防腐涂料底漆	30	160～180
20	DY22 耐油防腐涂料面漆	30	160～180
21	醇酸铁红底漆	30	150
22	醇酸云铁中间漆	35～40	110～130
23	S01—2 聚氨酯清漆	30	100～130
24	B06—2 锶黄丙烯酸底漆	30～40	100～120
25	B04—6 各色丙烯酸磁漆	30～40	100～120
26	B01—5 丙烯酸清漆	30～40	100～120
27	丙烯酸外墙浮雕漆	800～1200	1000
28	各色纯丙烯酸外墙涂料	＞50	150
29	水性纯丙烯酸外墙涂料	＞70	150
30	水性纯丙烯酸内墙涂料	＞70	150
31	各色丙烯酸荧光漆	30～40	150
32	丙烯酸马路划线漆	100	380
33	J53—11 氯化橡胶铝粉厚浆型防锈漆	70	300
34	J53—12 氯化橡胶铁红厚浆型防锈漆	70	310
35	J53—13 氯化橡胶云铁厚浆型防锈漆	70	250
36	J53—14 氯化橡胶沥青防锈漆（双组分）	70	220
37	J43—5 各色氯化橡胶面漆	60	200
38	DT22 凉凉隔热胶底漆	70	312g/二遍
39	DT22 凉凉隔热胶中间漆	40	189g/一遍

续表

序号	涂料名称	每道干膜厚度（μm/道）	计划用量［g/（道·m^2）］
40	高氯化聚乙烯云铁防锈漆	35~40	230~250
41	高氯化聚乙烯磁漆（户外型）	30~35	180~200
42	乙烯沥青涂料	90	310
43	氯磺化聚乙烯面漆（双组分）	25	200~230
44	各色醇酸磁漆	35~40	110~130
45	醇酸耐热漆（双组分）	30	100
46	有机硅耐热漆 W61—250、W61—400 底漆（双组分）	30	200
47	有机硅耐热漆 W61—250、W61—400 面漆	25	115
48	有机硅耐热漆 W61—500、W61—550 面漆	20~25	75~85
49	有机硅锌粉底漆	30~40	100~150
50	有机硅黑漆	30~40	100~150
51	E06—1 无机富锌底漆（双组分）	60	350~380
52	无机硅酸锌车间底漆（双组分）	20	110~120
53	G06—4 过氯乙烯锌黄铁红底漆	20~25	100~110
54	G52—2 过氯乙烯磁漆	20~25	80~100
55	高氯化聚乙烯铁红防锈漆	35~40	190~200
56	高氯化聚乙烯云铁防锈漆	35~40	230~250
57	聚氨酯聚乙烯互穿网络涂料底漆	50	100~130
58	聚氨酯聚乙烯互穿网络防腐面漆	50	120~130
59	聚氨酯聚乙烯互穿网络厚浆型面漆	150~200	500
60	氯醚面漆	30~40	200~250
61	双酚 A 型树脂鳞片涂料	100	200~250
62	PA 氰凝涂料	35	钢铁面 200
		30	水泥面 330
63	PM 氯丁防水胶	1000	为 2500~3000

续表

序号	涂料名称	每道干膜厚度（μm/道）	计划用量［g/（道·m²）］
64	HSS热缩包覆片	1300	425mm宽
		1800	600mm宽
		2400	850mm宽
65	HSW80热缩缠绕带	1200	75mm宽
			100mm宽
			150mm宽
		1600	225mm宽
			275mm宽
66	环氧煤焦油涂料	>760	
67	氯化橡胶底漆	30	150~200
68	氯化橡胶防腐漆	40	120~140
69	氯化橡胶厚浆型涂料	60~70	200~250
70	氯化橡胶鳞片涂料	60~80	200~250
71	二甲苯型树脂鳞片涂料	100	200~250
72	乙烯基酯鳞片涂料	150	250~330
73	环氧鳞片涂料	150	200~250
74	环氧沥青鳞片涂料	150~250	380~500
75	聚氨酯底漆	25~30	100~120
76	聚氨酯磁漆	20~30	90~110
77	聚氨酯沥青漆	30~40	120~140
78	沥青清漆	20~30	100
79	沥青耐酸漆	20~30	150
80	铁红环氧脂底漆	20~25	80~120
81	环氧富锌底漆	80	380
82	环氧富锌底漆	40	180
83	环氧面漆、清漆	20	60~80
84	环氧厚浆型涂料	120	260
85	环氧厚浆型涂料	270	600

续表

序号	涂 料 名 称	每道干膜厚度（μm/道）	计划用量［g/（道·m^2）］
86	高氯化聚乙烯铁红防锈漆	20～25	160～200
87	高氯化聚乙烯浅色底漆	35～40	120～140
88	高氯化聚乙烯中间漆	45～50	200～250
89	高氯化聚乙烯防腐面漆或磁漆	30～40	150～180
90	高氯化鳞片涂料	60～80	250
91	氯醚底漆	20～30	200～250
92	各色醇酸磁漆	18～22	80～100
93	云铁醇酸面漆	20～30	180
94	红丹醇酸防锈漆	25～30	150～200
95	聚氯乙烯涂料 PNE	20	120～150
96	聚氯乙烯涂料 PF-01	15～20	150～200
97	聚氯乙烯涂料 FVC	15～20	150～200
98	氯磺化聚乙烯底漆	25	180～200
99	氯磺化聚乙烯中间漆	35～40	200～300
100	氯磺化聚乙烯冷却塔涂料	25～30	220～250
101	磷化底漆	8～12	80
102	环氧缩醛带锈底漆	8～12	70
103	转化型带锈底漆	8～15	120
104	铝粉沥青漆	40	150
105	环氧沥青防腐涂料	60	200
106	环氧沥青厚浆型涂料	200～250	400～500
107	聚氨酯沥青涂料	30～40	120～140
108	过氯乙烯底漆	20	150～180
109	过氯乙烯防腐漆	15～20	180～200
110	过氧乙烯防腐清漆	20	150～200
111	氯乙烯醋酸乙烯共聚厚浆型涂料	20～40	80～100
112	醇酸改性氯乙烯醋酸乙烯共聚中间漆	60～80	200～400
113	氯乙烯醋酸乙烯共聚涂料面漆	20～40	200～250

续表

序号	涂 料 名 称	每道干膜厚度（μm/道）	计划用量［g/（道·m²）］
114	聚苯乙烯底漆	30 ~ 40	150 ~ 240
115	聚苯乙烯面漆	30 ~ 60	200 ~ 240
116	聚苯乙烯清漆	30	150
117	H06-1-1 环氧富锌底漆	40	186
118	环氧酯铁红底漆	40	173
119	环氧带锈底漆	50	165
120	无机硅酸锌底漆	20	105
121	无机富锌底漆	60	370
122	醇酸铁红底漆	25	125
123	醇酸铝粉铁红防锈漆	35	95
124	醇酸红丹防锈漆	30	155
125	醇酸云铁防锈漆	30	85
126	酚醛红丹防锈漆	40	170
127	油性红丹防锈漆	30	137
128	环氧酯带锈底漆	8 ~ 15	70 ~ 100
129	稳定性带锈底漆	15	120
130	有机硅锌粉底漆	15 ~ 20	100 ~ 120
131	有机硅耐高温防腐涂料	15 ~ 20	120 ~ 150
132	地面用洁净涂料底漆		200
133	地面用洁净涂料中间漆		160
134	地面用洁净涂料面漆两道		300
135	地面自流平	0.8 ~ 1.2mm 次	
136	自流平涂料底漆	100 ~ 200	
137	自流平面漆（一次成膜）	1400 ~ 1600	
138	TO 树脂涂料（底漆）	35 ~ 50	160 ~ 200
139	TO 树脂涂料（面漆）	30 ~ 40	120 ~ 150
140	TO 树脂涂料（布面面漆）	—	560 ~ 770
141	丙烯酸面漆	50	188

续表

序号	涂 料 名 称	每道干膜厚度（μm/道）	计划用量［g/（道·m^2）］
142	丙烯酸厚浆型面漆	85	260
143	耐热防腐涂料底漆	50	126
144	耐热防腐涂料面漆	50	120
145	氯磺化聚乙烯地下管道涂料底漆	40	260
146	氯磺化聚乙烯地下管道涂料面漆	50	310
147	氯磺化聚乙烯煤气框防腐涂料底漆	35	260
148	氯磺化聚乙烯煤气框涂料中间漆	50	370
149	氯磺化聚乙烯煤气框涂料面漆	25	185
150	氯磺化聚乙烯抗裂涂料底漆	25	210
151	氯磺化聚乙烯抗裂涂料面漆	20	155
152	有机硅耐高温防腐涂料	20 ~ 25	105 ~ 100
153	环氧玻璃鳞片防锈漆	200	500
154	环氧玻璃鳞片面漆	150	190
155	环氧云铁防锈漆	100	288
156	环氧红丹防锈漆	35	160
157	氯化橡胶铝粉厚浆型防锈漆	70	250
158	氯化橡胶铁红厚浆型防锈漆	70	340
159	氯化橡胶云铁防锈漆	70	230
160	氯磺化聚乙烯云铁防锈漆（铁红色）	35	260
161	氯磺化聚乙烯云铁防锈漆（棕色）	50	360
162	高氯化聚乙烯铁红防锈漆	45	210
163	聚氨酯铁红防锈漆	50	150
164	煤焦沥青漆	30	74
165	醇酸磁漆	30	78
166	氯磺化聚乙烯面漆	25	210
167	氯磺化聚乙烯磁漆	40	185
168	耐油抗静电防腐涂料	100	185

续表

序号	涂 料 名 称	每道干膜厚度（μm/道）	计划用量［g/（道·m^2）］
169	罐内壁防腐抗静电涂料	40～100	185～330
170	环氧沥青漆	60	160～180
171	SH 耐酸涂料底漆	40	150
172	SH 耐酸涂料中间漆	40	145
173	SH 耐酸涂料面漆	35	124
174	H06-1 环氧富锌底漆	20	98

附录 4

聚合物水泥砂浆铺砌耐酸砖、板块材的施工结合层厚度和灰缝宽度

附表 4

块材种类（mm）		结合层厚度（mm）	灰缝宽度（mm）
耐酸砖、板		4～9	4～6
天然石材	厚度≤30	6～8	6～8
	厚度＞30	10～15	8～15